빅뱅 우주론의 세 기둥

김희준

생각의힘

차례

머리말

탈레스 등 고대 그리스의 철학자들로부터 출발한 인류의 과학은 2,500년 정도의 역사를 지녔고, 갈릴레이에 의해 근대 과학이 출발한 지도 500년이 지났다. 이러한 과학 전체의 역사를 통틀어서 가장 위대한 발견을 하나만 꼽으라면 나는 인간이 우주 자체의 기원을 발견한 것이라고 말하겠다. 우주의 기원에 관한 이론 내지 모델을 빅뱅 우주론이라고 부른다.

그런데 다른 많은 중요한 발견과 달리 빅뱅 우주론은 어떤 단일 발견을 통해 이루어진 것이 아니다. 예컨대 우리가 생명을 이해하는 데 가장 핵심이 되는 DNA 이중나선의 비밀은 1953년에 「네이처」에 발표된 왓슨과 크릭의 짧은 논문 한편으로 집

약된다. 그에 반해 빅뱅은 언제 누가 발견하였다고 꼭 집어 말하기가 어렵다. 약 100년의 세월에 걸쳐서 여러 과학자들의 노력 끝에 자리 잡게 되었기 때문이다. 리비트가 세페이드 변광성을 통해 멀리 있는 별의 거리를 측정할 수 있는 단서를 제공한 1908년부터 빅뱅의 가장 강력한 증거인 우주배경복사를 정밀하게 측정하여 매더와 스무트가 노벨 물리학상을 수상한 2006년까지가 약 100년이다. 그리고 우주의 팽창을 암시하는 허블 법칙이 발표된 1929년부터 펜지어스와 윌슨이 우주배경복사를 처음 관측한 업적으로 노벨 물리학상을 수상한 1978년까지는 약 50년이다.

이처럼 50년 내지 100년에 걸쳐서 완성된 빅뱅 우주론은 우주의 팽창, 우주배경복사, 그리고 우주의 원소 분포라는 세 개의 기둥에 의해서 확실하게 지지된다. 사진을 찍을 때 사용하는 삼발이를 보아도 확실하게 서기 위해서는 세 개의 다리 내지 기둥이 필요하다. 이 책에서는 이 100년에 걸쳐 빅뱅 우주론의 주춧돌이 놓아지고 자라고 완성되는 데 기여한 리비트, 슬라이퍼, 허블, 휴메이슨, 페인, 가모브 등의 일생과 업적을 영시를 통해 살펴보면서 이들로부터 배울 수 있는 성공의 비결은 무엇인가를 아울러 생각해 보고자 한다. 영시의 운율(rhyme)을 살펴면서 읽으면 과학과 영어를 아울러 공부하는 재미가 배가될 것이다. 내가 영시를 쓰면서 재미를 느꼈던 것처럼 말이다.

김희준

들어가기

The most incomprehensible

Thing about the universe

Is that it is comprehensible.

This is Einstein's fine verse

About man's place

In the universe.

우주universe에 관해 가장 이해할 수 없는incomprehensible 것은 우리가 우주를 이해할 수 있다는comprehensible 것이다. 이것은 우주에서의 인간의 위치place에 관한 아인슈타인(Albert Einstein)의 짧은 글verse이다.

The universe is a big history
Filled with mystery.
The drama is cosmic
And so dynamic.

우리가 이해하는 우주는 신비mystery로 가득한 거대한 역사 history이다. 그리고 이 드라마는 우주적cosmic이고 아주 역동적 dynamic이다. 우리는 이 책에서 우주의 신비 중 가장 큰 신비인 우주의 시작과 다이내믹한 초기 우주의 전개 과정을 살펴보면 서 빅뱅 우주론의 근거들을 알아볼 것이다.

1.
우주의 팽창

1.1 리비트의 변광성

Island universe was conceived by Kant.

The likely candidate was the nebula.

독일의 철학자 칸트(Immanuel Kant, 1724~1804)는 우주의 크기에 관해서 중요한 생각을 하였다. 그는 바다의 섬들처럼 우주에는 우리 은하와 같은 은하들이 여러 개 있을지도 모른다고 생각한 것이다. 그가 생각한 섬 우주, 즉 외계은하의 후보는 당시 여러 개가 알려져 있던 성운이었다. 성운이란 빛을 낸다는 점에서는 별과 비슷하지만 개개의 별과는 달리 구름처럼 퍼져 보이는 천체를 말한다.

Charles Messier was a French astronomer.

Actually he was a comet hunter.

He made a list of nebulae in 1771.

The Crab nebula is M1.

Globular clusters and open clusters added to one third

Of the total, which was about a hundred.

There were star-forming Orion nebula,

Planetary nebula, and etcetera.

Then there was the Whirlpool galaxy,

Which is M51,

As well as the Andromeda galaxy

Which is M31.

칸트와 거의 동시대에 활동하면서 성운의 리스트를 만들었던 프랑스의 천문학자astronomer 메시에(Charles Messier)는 성운 자체에 관심이 있었던 것은 아니고 실은 혜성 사냥꾼comet hunter이었다고 한다. 그는 혜성을 찾는 데 방해가 되는 성운의 위치를 동료나 후배 천문학자들에게 알려 주려는 목적으로 1771seventeen seventy one년에 성운 리스트를 만들었다. 6,500광년 거리의 게성운은 M1M one이다. 100만 개 정도 별의 집단인 구상성단과 산개성단을 합하면 약 100hundred개에 달하는 전체 리스트 중에서 3분의 1one third 정도가 된다. 새로 태어난 별이 내는 빛을 받은 주위의 수소 구름이 빛을 내는 경우인 오리온 성운Orion nebula,

별의 표면이 부풀어 오른 행성상 성운, 기타 등등etcetera도 있는데 이들을 합치면 또 3분의 1 정도가 된다. 나머지 3분의 1 정도는 소용돌이 은하Whirlpool galaxy로 알려진 M51fifty one, 안드로메다 은하Andromeda galaxy로 알려진 M31thirty one 등 우리 은하 밖의 외계은하들이다. 물론 메시에는 어떤 성운이 우리 은하 안에 있는지 밖에 있는지 전혀 알 수 없었다. 그 성운까지의 거리를 측정할 방법이 없었기 때문이다. 하지만 나중에 알고 보니 성운 중에는 우리 은하 밖의 외계은하인 경우도 적지 않았다.

To know the size of the universe
One needs to measure distance
To heavenly bodies
Such as stars and galaxies.

우주universe의 크기를 알려면 별과 은하들galaxies 같은 천체들heavenly bodies까지의 거리distance를 측정해야 한다. 그래야 어떤 성운이 은하인지, 또 우주에는 대략 몇 개 정도의 은하가 있는지 등을 알 수 있을 것이다.

Astronomers worked many hours in solitude
To measure universe's magnitude.
There was an English Herschel
Who discovered Uranus,

And a German Bessel

Who measured 61 Cygni in constellation Cygnus

By the method of parallax

And became the first winner in the race

To measure the universe.

천문학자들은 우주의 규모magnitude를 측정하기 위해서 장시간 동안 고독solitude 속에서 일하였다. 그 중에는 천왕성Uranus을 발견한 영국인 허셜(William Herschel)Herschel도 있었고, 연주시차parallax 방법으로 백조Cygnus자리의 별 중 하나인 61 Cygni의 거리를 측정해서 우주universe의 크기 측정 경쟁race에서 첫 승리자가 된 독일의 베셀(Friedrich Bessel)Bessel도 있었다.

지구는 태양으로부터 광속으로 8분 정도 거리에서 12개월에 한 번씩 태양 주위를 공전하고 있기 때문에, 6개월 간격으로 어떤 별을 관찰하면 멀리 있는 별들을 배경으로 일정한 각도를 나타낸다. 이 각도를 정확히 재고 삼각측량 방법을 사용하면 그 별까지의 거리를 계산할 수 있게 된다. 물론 태양과 지구 사이의 거리를 알고 있어야 한다.

Parallax works for stars nearby.

Cepheid variables like delta Cephei

Work much farther away.

Hubble's law works all the way

To the end of the universe, let's say.

그런데 지상 망원경으로는 300광년 정도로 가까운nearby 별에만 연주시차 방법을 적용할 수 있다. 멀어지면 일종의 각도인 시차를 재는 것이 불가능하기 때문이다. 따라서 우리 은하의 크기, 나아가 우주의 크기를 알려면 연주시차와는 다른 방법이 필요하다. 델타 세피Delta Cephei 같은 세페이드 변광성(Cepheid variable)을 사용하면 훨씬 멀리 떨어져 있는farther away 별까지의 거리를 측정할 수 있다. 최근에는 허블우주망원경이 1억 광년 거리의 세페이드 변광성을 발견하였다. 그러니까 세페이드 변광성은 거리 측정의 한계를 300광년에서 1억 광년으로 약 30만 배 확장한 셈이다. 그러나 세페이드 변광성을 사용하려면 결국 하나의 별을 보아야 하기 때문에 1억 광년 이상의 거리에는 적용할 수 없다. 1억 광년 이상 130억 광년 정도의 거리, 말하자면let's say 관찰 가능한 우주(observable universe)의 거의 끝까지all the way는 뒤에서 다룰 허블의 법칙을 써서 추정할 수 있다.

There was an English youth named Goodricke.

He was an astronomer maverick.

First he studied eclipsing variable.

Then he discovered Cepheid variable

Which became a standard candle.

변광성은 문자 그대로 밝기가 변하는 별이다. 1782년에 영국의 햇병아리maverick 천문학자 구드릭(John Goodricke)Goodricke은 18세 나이에 알골(Algol)이라는 식변광성eclipsing variable을 발견하였다. 우주 공간의 분자구름으로부터 별이 태어날 때는 흔히 두 개의 별이 함께 생겨서 서로의 주위를 도는 쌍성계를 만든다. 목성이 지금보다 75배 정도 무거웠다면, 즉 지름이 4배 정도로 더 컸다면 목성도 미니 태양이 되고, 우리 태양계도 쌍성계가 될 뻔하였다. 두 별이 서로의 무게중심 주위로 돌다 보면 일식이나 월식처럼 한 별이 다른 별을 가리면서 전체적으로 어두워져 보이고, 반대로 두 별이 모두 드러나면 가장 밝아질 것이다. 구드릭은 식변광성을 설명한 업적으로 1783년에 영국 왕립학회가 수여하는 코플리 메달(Copley medal)을 받았다. 구드릭 이전에 코플리 메달을 수상한 과학자로는 프랭클린(Benjamin Franklin), 캐번디시(Henry Cavendish), 프리스틀리(Joseph Priestley), 허셜 등이 있다.

그런데 1784년에 구드릭은 세페우스 별자리의 델타 별(Delta Cephei)이 또 다른 변광성인 것을 발견하였다. 후일 이 별은 식변광성과는 달리 단일의 별이 주기적으로 밝기가 변하는 경우라는 것이 밝혀졌는데 이런 변광성을 세페이드 변광성이라고 부르게 되었다. 구드릭은 2년 후에 22세의 나이로 세상을 떠났다. 흥미롭게도 구드릭은 청각장애인이었는데, 지금부터 이야기할 리비트도 청각장애인이어서 세페이드 변광성의 연구에 집중할 수 있었다고 한다.

빅뱅 우주론의 첫 번째 주춧돌을 놓은 리비트(Henrietta Leavitt, 1868~1921)는 그녀의 발견의 중요성에 비해 평생 인정을 받지 못하고 세상을 떠난 미국의 여성 천문학자이다. 리비트의 시대에는 미국에서도 여성이 대학원 교육을 받을 수 없었다. 그래서 여성은 박사는커녕 석사학위도 받을 수 있는 길이 없었다. 그녀는 현재는 하버드대학교와 통합된 여자 대학인 래드클리프(Radcliffe)의 전신인 여성 교육기관에서 학부 교육을 받았다. 그러나 정식 졸업장 대신 "당신이 남자였다면 하버드 학부 졸업장을 받을 자격이 있다."라는 내용이 적힌 증서를 받고 대학을 졸업하였다. 아무튼 리비트는 당시 최고 수준의 학부 교육을 받을 지적 능력을 가졌던 것은 분명하다.

리비트는 학부 시절에 천문학 강의를 수강하면서 천문학에 마음이 끌렸지만, 당시 하버드 천문학과에는 여성을 위한 대학원 과정이 개설되어 있지 않았기 때문에 하버드천문대(Harvard College Observatory)에서 1년 동안 자원봉사자로 일하면서 대학원 강의를 청강하였다. 1년 후에는 최소 임금을 받는 컴퓨터가 되었는데, 컴퓨터는 지금의 하이테크 기기가 아니라 문자 그대로 단순 계산을 하는 사람을 지칭하는 말이었다. 당시 하버드천문대에는 열 명 정도의 여성 컴퓨터들이 일하고 있었는데, 남성 천문학자들이 찍어온 별 사진을 분석하는 단순하고 별로 재미없는 일이었기 때문에 남성은 적은 월급을 받으면서 컴퓨터 일을 하려고 들지 않았다. 그래서 당시 하버드천문대 소장이었던 피커링은 여성 컴퓨터를 대거 고용하였던 것이다.

리비트가 처음 일을 시작하였을 때 피커링(Edward Pickering) 소장은 그녀에게 소마젤란 성운(Small Magellanic Cloud)에서 찍은 별 사진들을 주고 그 별들 중에 세페이드 변광성이 있는지 찾아보라고 하였다. 대부분의 별들은 주계열성이 적색거성으로 바뀌는 경우처럼 수천만 년 또는 수억 년 단위로는 별의 종류가 달라지고 밝기가 변하기도 하지만, 며칠 또는 길어야 몇 달 간격으로 찍은 사진에서 밝기가 달라지는 경우는 극히 드물었다. 새로 태어나는 신성이나 무거운 적색거성이 폭발하는 초신성은 극히 드문 경우이기 때문이다. 만일 그때 리비트가 피커링 소장에게 세페이드 변광성을 찾는 일이 어떤 의미가 있는지 물었다면 '글쎄 나도 잘 모르겠다.'라는 답을 들었을 것이다. 왜냐하면 피커링도 세페이드 변광성이라는 특별한 변광성이 있다는 것은 알고 있었지만, 이 변광성이 어떤 특별한 의미를 가지는지는 전혀 몰랐기 때문이다.

리비트가 세페이드 변광성을 찾기 시작하였던 19세기 말은 세계 천문학의 중심이 유럽에서 미국으로 넘어가던 시기였다. 지금도 그렇지만 누가 천문학을 주도하는가는 누가 가장 크고 성능이 좋은 망원경을 보유하는가에 달려 있었다. 그런데 19세기 말이 되면서 미국의 하버드천문대가 세계에서 가장 배율이 큰 망원경을 보유하게 되었다. 이에 하버드천문대에서는 이 망원경으로 관찰할 수 있는 하늘의 모든 별들을 자세히 조사해서 그 결과를 카탈로그로 만드는 프로젝트를 시작하였다. 그런 상황에서 피커링 소장은 리비트에게 소마젤란 성운에서 찍은 별들 중에 혹시나 세페이드 변광성이 있는지 조사해 보라고 과제를 맡긴 것이었다. 물론 피커링도 리비트도 이 일이 빅뱅 우주론의 첫 단추를 끼는 중요한 연구가 될 줄은 몰랐다.

이 일을 시작한 지 몇 년이 지나서도 리비트는 단 한 개의 변광성도 찾지 못하였다. 웬만한 사람이라면 보수도 적고 따분하고 게다가 결과도 신통치 않은 이 일을 집어치웠을 법한데, 리비트는 거의 종교적인 열정을 가지고 이 일에 매달렸다고 한다. 그러다가 1903년에 처음으로 하나의 변광성을 찾아냈다. 한 번 요령을 익히자 이어서 수십 개를 발견하였고, 페루에 있는 천문대에서는 계속해서 별 사진을 찍어서 하버드로 보내왔다. 소마젤란 성운은 남반구에서만 보이는 천체이기 때문에 북반구에 있는 하버드천문대의 망원경으로는 볼 수 없었다. 이 때문에 남반구의 페루에 있는 하버드천문대의 아레키파 분소에서 사진을 찍어 보내 주었던 것이다.

마젤란 성운에는 소마젤란 성운과 대마젤란 성운이 있는데, 이들은 우리 은하에서 20만 광년 정도의 거리에 위치한 성운들이다. 우리 은하의 지름이 10만 광년 정도이므로 마젤란 성운은 우리 은하 크기의 두 배 정도 거리에 위치한 미니 은하인 셈이다. 두 손을 앞으로 내밀고 왼손을 우리 은하라고 한다면 오른손 위치에 파리 정도 크기의 소마젤란 성운과 대마젤란 성운이 위치한 상황이다. 그런데 빅뱅 우주론이 자리 잡는 데 있어서 마젤란 성운이 중요한 것은 이들이 20만 광년 정도 거리에 있는 우리 은하의 작은 위성 은하이기 때문에, 예컨대 소마젤란 성운에 들어 있는 수억 개의 별들은 모두 지구로부터 거의 같은 거리에 있다는 점 때문이다. 그렇다면 이 별들이 지구로부터 같은 거리에 있다는 것은 왜 또 중요할까?

20세기 초까지도 인간이 연주시차 방법의 한계인 300광년 이상 천체의 거리를 알 수 있는 방법은 전혀 없었다. 물론 누구나 생각할 수 있는 방법이 한 가지 있기는 하였다. 만일 우리가 어떤 별이 얼마나 많은 빛을 내는지, 즉 절대밝기(absolute luminosity)를 안다면 지구에서 볼 때 얼마나 밝게 보이는지, 즉 겉보기밝기(apparent luminosity)로부터 별의 거리를 계산할 수 있을 것이다. 그러나 우리가 관찰하는 별의 밝기는 모두 우리 은하 내, 태양계의 특수한 위치에서 볼 수 있는 별의 겉보기밝기이고 절대밝기에 대한 정보는 전혀 없었다. 그런데 만일 어떤 두 개의 별이 자신의 밝기를 나타낸다고 하자. 하나는 1초 간격으로 "나 는 어 두 운 별 이 야" 식으로 비교적 약한 빛을 내고, 다른 별은 10초 간격으로 "나   는   밝   은   별 이   야" 식으로 강한 빛을 낸다고 하자. 이때 어두운 별의 주기는 1초이고, 밝은 별의 주기는 10초이다. 만약 주기가 10초인 별이 주기가 1초인 별보다 10배 더 많은 빛을 낸다면, 즉 절대밝기가 10배라면 주기를 재서 절대밝기를 알 수 있는 길이 열리게 된다. 그런데 리비트 이전에는 별의 어떤 성질과 절대밝기 사이에 유용한 관계가 있는지, 또 어떤 종류의 별이 이런 유용한 정보를 가지고 있는지 전혀 알려진 바가 없었다.

1903년에 처음 소마젤란 성운에서 세페이드 변광성을 찾은 리비트는 5년 후인 1908년에 '소마젤란 성운의 1,777개 변광성'이라는 제목의 논문을 발표하였다. 그리고 이 논문의 말미에 "밝은 변광성일수록 주기가 긴데(the brighter variables have the longer periods) 이에 대해서 주의를 기울일 필요가 있다." 정도의 언급을 하였다. 만일 리비트가 발견한 변광성들이 우리 은하 내에 있다면 지구로부터의 거리가 제각기 다를 것이고, 그렇다면 겉보기밝기와 주기 사이에도 아무런 관계를 찾아볼 수 없을 것이다. 주기가 짧아서 절대밝기가 낮다고 하더라도 지구에 가까우면 겉보기밝기는 높을 수 있고, 반대로 주기가 길어서 절대밝기가 높은 변광성이라도 아주 멀면 겉보기밝기가 낮을 테니까 말이다. 그리고 보면 피커링 소장이 리비트에게 찾아보라고 하였던 변광성들이 소마젤란 성운에 들어 있어서 모두 거리가 같았다는 것은 리비트에게 매우 다행한 일이었다. 이 때문에 리비트는 세페이드 변광성이 멀리 있는 별의 거리를 구하는 데 유용한 표준 광원(standard candle) 역할을 할 수 있다는 사실을 발견할 수 있었던 것이다.

Leavitt's stars were variable
Because they were unstable.

그런데 세페이드 변광성은 왜 주기적으로 밝기가 변하는 것일까? 그것은 세페이드 변광성variable이 무거운 별의 진화 과정에서 불안정한unstable 시기에 해당하기 때문이다. 왜 어떤 별은 불안정한지, 그리고 왜 불안정한 변광성은 밝기가 주기적으로 변하는지 이유를 알아보자.

우주의 모든 별은 수소와 헬륨을 재료로 해서 태어난다. 우주가 빅뱅으로 출발할 때 처음 몇 분 사이에 만들어진 원소가 원자번호가 1인 수소와 2인 헬륨이기 때문이다. 겨우 수소와 헬륨, 그리고 아주 약간의 3번 원소인 리튬을 만들고 나서 우주는 급격히 팽창하고 온도가 떨어져버렸기 때문에 더 이상 탄소, 산소, 그리고 철 등 무거운 원소를 만들 기회가 없었다. 그래서 수억 년 후에 처음으로 별이 태어났을 때에는 융합해서 에너지를 낼 수 있는 재료가 수소와 헬륨밖에 없었다. 물론 그보다 수억, 수십억 년 후에 태어난 별의 재료에는 수소와 헬륨 이외에도 그 전 세대의 별에서 만들어진 무거운 원소들이 일부 포함되지만 대부분이 수소와 헬륨인 것은 마찬가지이다.

수소와 헬륨에는 중요한 차이가 있다. 중성 원자의 입장에서 본다면 중심핵에 +1의 양전하(positive charge)를 가진 양성자(proton)가 한 개인 수소는 바깥쪽에 −1의 음전하(negative charge)를 가진 전자(electron)도 한 개이고, 중심핵에 양성자가 두 개인 헬륨은 전자도 두 개이다. 양전하를 가진 양성자와 음전하를 가진 전자는 전기적 인력에 의해 끌리고 있는데, 온도가 높아서 전자의 운동에너지가 커지면 전자는 핵에서 떨어져나가고 원자는 양전하를 가진 이온(ion)이 된다. 이를 원자의 이온화(ionization)라고 부른다. 그런데 수소 원자는 전자(e^-)가 한 개밖에 없기 때문에 아래와 같이 한 단계의 이온화가 일어나면 수소 이온(H^+)

이 남게 되고, 전자가 없는 수소 이온, 즉 양성자는 더 이상 이온화가 일어날 수 없다.

$$H \rightarrow H^+ + e^-$$ (수소의 이온화)

그러나 헬륨은 전자가 두 개이기 때문에 두 단계로 이온화가 일어난다.

$$He \rightarrow He^+ + e^-$$ (헬륨의 1차 이온화)
$$He^+ \rightarrow He^{2+} + e^-$$ (헬륨의 2차 이온화)

이제 세 가지 이온화 중에서 어느 것이 비교적 낮은 온도에서도 쉽게 일어나고, 어느 것이 가장 높은 온도를 필요로 할지 생각해 보자. 수소의 핵에는 양성자가 한 개 있으므로 수소의 전자는 +1의 양전하에 의해 끌린다. 그러나 헬륨의 핵에는 양성자가 두 개 있으므로 헬륨의 전자는 +2의 양전하에 의해 끌린다. 따라서 헬륨 원자에서 전자를 떼어내는 데는 수소에서보다 더 많은 에너지, 즉 더 높은 온도가 필요하다.

다음으로 헬륨의 1차 이온화와 2차 이온화를 비교해 보자. 헬륨 원자에서 첫 번째 전자를 떼어내는 경우에 사실 전자는 +2의 양전하에 의해 끌리는 것은 아니다. 헬륨에는 전자가 두 개 있기 때문에 하나의 전자를 떼어내려고 할 때 나머지 전자가 핵의 양전하를 부분적으로 상쇄하는 효과를 나타내기 때문이다.

그런데 헬륨의 2차 이온화에서는 하나밖에 없는 전자가 바로 +2의 양전하에 의해 끌리고 있기 때문에 이 전자를 떼어내기 위해서는 1차 이온화에서보다 더 많은 에너지가 필요하다. 결국 이온화에 필요한 에너지는 다음 순서를 나타내게 된다.

수소의 이온화 < 헬륨의 1차 이온화 < 헬륨의 2차 이온화

별의 온도는 중심에서 가장 높고 표면에서 가장 낮다. 태양의 경우 중심 온도는 1,500만 도, 표면 온도는 6,000도 정도이다. 태양의 중심에서는 수소의 이온화는 물론이고 헬륨의 1차 이온화와 2차 이온화가 모두 일어나서 수소 이온(H^+), 헬륨 이온(He^+, He^{2+}), 그리고 전자(e^-)들이 뒤섞인 플라스마 상태가 된다. 그러나 태양의 표면에서는 수소의 이온화와 헬륨의 1차 이온화까지는 일어나지만, 헬륨의 2차 이온화가 일어나기에는 온도가 충분히 높지 않다. 따라서 태양과 대부분의 별의 표면 가까이에는 전자를 하나 가진 He^+ 이온이 상당히 많이 존재하게 된다. 그런데 별의 내부에서 핵융합 반응이 활발하게 일어나 빛 에너지가 표면 쪽으로 몰려나오면 이 에너지에 의해 헬륨의 2차 이온화가 일어나고, 결과적으로 표면 쪽에 He^{2+} 이온과 전자의 밀도가 높아지게 된다.

여기에서 전자는 빛과 밀접하게 상호작용한다는 중요한 원리가 작동한다. 이것은 네온사인 관의 내부는 불투명하고, 따라서 뒤에 있는 물체를 볼 수 없는 것으로부터 알 수 있다. 네온사인

을 켜면 전기 에너지를 받아서 네온 원자가 이온화하여, 관 내부가 네온 이온과 전자가 뒤섞인 플라스마로 채워지는데 이 전자가 관 뒤의 물체에서 반사된 빛과 밀접하게 충돌하며 상호작용하기 때문에 우리 눈에 직접 들어오지 못하는 것이다. 또 어떤 물체가 색을 나타내는 것도 물체를 구성하는 화합물의 전자들이 특정한 파장의 빛과 상호작용하면서 그 빛을 흡수하고, 우리는 반사되는 나머지 빛을 보기 때문이다.

헬륨의 2차 이온화에 의해서 별의 표면에 전자가 풍부해지면 이들 전자가 내부로부터 나오는 빛과 충돌하면서 빛이 빠져나가지 못하게 막는 효과를 나타낸다. 빛이 빠져나가지 못하면 당연히 지구에서는 별이 어둡게 보인다. 그런데 이런 일이 어느 정도 진행되면 빠져나가지 못하는 빛 때문에 압력이 생기고 온도가 올라가게 된다. 그러다가 온도와 압력이 어느 이상으로 올라가면 별이 갑자기 팽창하면서 온도와 압력이 떨어진다. 마치 밸브에 걸린 압력이 너무 커지면 밸브가 터지는 것과 비슷하다. 별 표면의 온도가 떨어지면 운동에너지를 잃어버린 전자가 He^{2+} 이온과 재결합하면서 헬륨의 2차 이온화의 반대 방향으로 반응이 일어난다. 그 결과 전자의 밀도가 떨어지면 전자와 강하게 상호작용하고 있던 빛이 갑자기 자유로워져서 밖으로 빠져나가고, 지구에서 볼 때 이 별은 다시 밝아질 것이다. 그리고 별이 팽창하고 빛이 어느 정도 빠져나가서 압력이 떨어지면 별은 다시 중력에 의해 수축해서 원래 상태로 되돌아가고, 다시 온도가 올라가면서 헬륨의 2차 이온화가 일어나면 위의 과정이 되풀이된다. 1917년에 이러한 밸브 메커니즘에 의해 세페이드 변광성이 주기적으로 밝기가 변하는 것을 처음 설명한 것은 20세기 초반에 세계 최고의 천문학자로 알려져 있던 영국 케임브리지대학교의 에딩턴(Arthur Eddington)이었다. 그리고 1953년에 가서야 러시아의 천문학자 제바킨(Sergei Zhevakin)에 의해서 헬륨 이온이 에딩턴 밸브로 작용한다는 것이 밝혀졌다.

이제 남은 문제는 왜 주기가 길수록 더 밝은가 하는 것이다. 앞에서 살펴본 대로 세페이드 변광성이 되려면 표면에 헬륨의 밀도가 상당히 높아야 한다. 모든 별이 주계열성으로 태어날 때는 수소와 헬륨의 비율이 질량비로 3:1, 개수비로는 10:1 정도로 수소가 압도적으로 많아서 변광성이 되기에는 헬륨이 부족하다. 그런데 수소가 헬륨으로 바뀌면서 에너지를 내는 융합은 온도가 가장 높은 별의 중심에서 일어난다. 결과적으로 주계열성의 중심에서는 수소와 헬륨의 비율이 역전되는데, 별의 표면에서는 헬륨의 비율이 그대로 유지된다.

주계열성의 중심에서 수소가 모두 헬륨으로 바뀌어 연료가 떨어지면 수소의 융합이 중단되고 에너지가 더 이상 나오지 않기 때문에 별의 표면 쪽으로 향한 압력이 사라진다. 그러면 중력 작용이 우세해져서 별 전체의 질량이 중심으로 몰려들면서 중심 온도가 1억 도 정도까지 올라가고, 헬륨이 탄소로 융합되는 헬륨 연소가 일어난다. 결과적으로 중심에서 헬륨의 비율은 떨어지지만, 중심을 벗어나면 수소가 아직 남아 있고 온도도 수소 융합에 충분한 부분이 있을 것이다. 이처럼 중심 바깥쪽에서 수소 융합이 일어나면 그 부분에서는 헬륨의 비율이 높아지고, 별이 부풀어 올라서 처음 주계열성일 때보다 10배 이상 커진다. 그러면 6,000도 정도이던 별의 표면 온도가 3,000도 정도로 떨어져서 태양처럼 노랗게 보이던 별이 붉게 보이게 된다. 이 단계의 별을 적색거성이라고 부른다.

적색거성이 여러 단계를 거치면서 중심 온도가 계속 올라가고 탄소보다 무거운 원소들이 만들어지는 과정에서 수소가 융합하는 부위는 자꾸 바깥쪽으로 밀려나고, 어느 단계에서는 표면 가까이에 상당한 양의 헬륨이 모이게 되어 헬륨의 밸브 작용을 통해 세페이드 변광성이 된다. 이처럼 중력 작용에 의해 중심 온도가 상당히 올라가려면 별의 질량이 상당히 커야 할 것이다. 지금까지 알려진 세페이드 변광성의 질량은 태양 질량의 4 내지 10배 정도라고 한다.

질량이 아주 큰 세페이드 변광성은 내부에서 융합에 의해 나오는 에너지가 많기 때문에 밸브가 열리면 많은 빛이 빠져나와서 밝을 것이고, 밸브가 열리면서 부풀어 오른 별이 중력에 의해 원래 상태로 돌아가는 데 시간이 오래 걸려서 주기가 길 것이다. 반면에 질량이 작은 변광성은 밝기가 약한 대신 주기는 짧을 것이다. 리비트가 발견한 사실은 주기와 광도 사이에 단순한 비례 관계가 있다는 것이었다. 리비트의 발견이 빛을 본 것은 그녀가 죽은 1921년보다 2년 후인 1923년에 허블에 의해서였다.

There was a great debate in nineteen twenty.
The younger debater was Shapley
Who measured our galaxy.
The older one was Curtis
Who believed in the island universe.
To know who made more sense
One had to wait with patience.

그에 앞서 1920 nineteen twenty년에는 두 천문학자 사이에 우주의 크기에 관한 중요한 논쟁이 있었다. 당시 미국 과학계에서는 매년 다른 주제를 정해서 저명한 과학자들이 모여 논쟁을 하는 행사가 있었는데, 1920년의 주제는 '우주의 규모'였다. 우리 은하가 우주의 전부라는 입장을 대변한 젊은 천문학자는 당시 윌슨산천문대에서 연구하던 섀플리(Harlow Shapley)Shapley였는데, 그는 리비트가 발견한 세페이드 변광성의 주기와 광도 사이의 비례 관계를 사용해서 우리 은하galaxy의 크기를 처음 측정한 것으로 유명하였다. 우리 은하를 납작한 원반으로 생각한다면 원반의 지름은 약 10만 광년이다. 1910년대 말에 섀플리는 우리 은하의 크기를 30만 광년 정도로 추산하였는데, 우리 은하가 상상하였던 것보다 큰 데 놀라서 우리 은하 밖에 다른 은하가 있다는 것을 받아들이지 않았다. 섀플리보다 나이가 많은 반대측 천문학자는 섬 우주island universe를 믿었던 릭천문대의 커티스(Heber Curtis)Curtis였다. 양쪽의 주장이 다 일리가 있어서 논쟁은 결론을 내리지 못하고 끝났다. 누구의 주장이 맞는지made more sense 알려면 인내심patience을 가지고 기다려야만 하였다. 그런데 3년 후, 1923년에 허블이 이 논쟁에 종지부를 찍었다. 그리고 이 논쟁으로 유명해진 새플리는 피커링 소장이 죽고 공석이 된 하버드천문대 소장으로 자리를 옮기게 된다.

Educated at Chicago
Studying at Oxford for a while,
Hubble was called upon by Hale
To Mt. Wilson to go
To lift the universal veil.

리비트가 발견한 주기와 광도 사이의 관계를 사용해서 빅뱅 우주론으로 이어지는 획기적인 발견이 이루어진 것은 1923년에 허블에 의해서였다. 미국 중부 미주리 출신인 허블은 자신이 시골 사람이라는 열등감을 극복하기 위해 남다른 노력을 기울였다. 고등학교에서 전 과목 A를 받은 허블은 육상, 농구, 권투 등 운동에도 만능이었고, 록펠러가 설립한 중부 최고의 시카고Chicago대학교에 장학생으로 선발되었다. 대학 재학 중 로즈 장학생으로 영국의 명문 옥스퍼드에 일시a while 유학해서 법률을 공부하였다. 이후 평생 영국 악센트를 흉내 내서 동료들의 귀를 거슬리게 하였다고 한다. 아무튼 학부 때 흥미를 느꼈던 천문학의 매력을 잊지 못한 그는 다시 시카고로 돌아와서 천문학 박사학위를 받았다. 그리고 제1차 세계대전 동안 유럽에서 군복무를 마치고 귀국하였을 때 막 윌슨산천문대 건설을 마친 헤일Hale 소장이 잘 준비된 허블을 불렀다. 윌슨 산에 가서go 우주 비밀의 장막veil을 걷어 올릴 사명이 주어진 것이다.

Leavitt's stars were variable
Because they were unstable.
One such a star was found by Hubble.
For its long period, it was so feeble.

앞에서 살펴본 대로 리비트가 연구한 변광성variable의 밝기가 주기적으로 변하는 것은 이런 별들이 불안정unstable하기 때문이다. 1923년 10월에 허블Hubble은 윌슨산천문대가 보유한 세계 최고의 100인치 후커 망원경을 사용해서 안드로메다 성운에서 세페이드 변광성을 발견하고 주기가 31일로 상당히 길다는 것을 알아냈다. 그렇다면 그 별은 절대밝기가 아주 높다는 뜻이다. 그런데도 그 별은 겉보기밝기가 아주 미약feeble하였다. 나아가서 허블은 1924년 말까지 안드로메다 성운에서 12개의 세페이드 변광성을 추가로 발견하였다. 이러한 결과로부터 허블은 안드로메다 성운까지의 거리가 약 100만 광년이라고 계산해냈다. 지금은 여러 측정 오차를 줄여서 250만 광년으로 알려졌지만, 아무튼 안드로메다 성운은 확실히 우리 은하 밖의 또 다른 은하, 그러니까 칸트가 말한 섬 우주인 것이다.

안드로메다 은하도 우리 은하와 비슷한 크기로 지름이 10만 광년 정도라고 한다면 거리와 지름의 비율은 250만/10만 = 25 정도인 셈이다. 우리가 밤하늘에서 안드로메다 은하 전체를 볼 수 있다면 태양을 보는 것에 비해 어떻게 보일까? 태양까지의 거리는 광속으로 8분, 태양의 지름은 5초 정도이므로 그 비율은 8분/5초 = 480초/5초 ≒ 100으로 안드로메다 은하의 경우보다 4배나 크다. 단순 비교를 한다면 안드로메다 은하가 태양보다 4배나 크게 보인다는 말이다. 물론 안드로메다 은하는 아주 멀기 때문에 맨눈으로 본다면 별들이 집중되어 있는 중심부만을 볼 수 있을 것이다. 그래도 다른 성운들에 비해 안드로메다 은하는 상당히 잘 보이는 편이라는 것은 분명하다. 리비트는 자신의 발견이 얼마나 중요한 의미를 가지는지 전혀 모른 채 1921년에 위암으로 세상을 떠났다. 시대를 앞서 갔던 그녀는 학부 학력밖에는 없었고, 그래서 평생 별로 인정을 받지 못하였다. 그렇다고 해서 리비트의 일생이 실패였다고 말할 수는 없다. 빅뱅 우주론이 자리를 잡아가면서 그녀의 업적도 점차 인정받게 되었고, 이제 우리는 리비트야말로 빅뱅 우주론의 첫 단추를 꿴 과학자였다고 기억한다.

1.2 슬라이퍼의 청색편이

Island universe was conceived by Kant.

The likely candidate was the nebula.

Stellar constituent was inconceivable to Comte.

He did not know that starlight exhibits spectra.

앞에서 언급한 대로 칸트^{Kant}는 섬 우주를 생각하였다. 섬 우주의 후보는 성운^{nebula}이었다. 그런데 실증주의 철학자였던 콩트(Auguste Comte)^{Comte}는 별의 조성은 생각할 수조차 없었다. 별의 조성을 알려면 별에서 시료를 가져다가 조사를 해야 할 텐데 그럴 방법이 없다고 생각한 것이다. 아쉽게도 콩트는 별빛이 스펙트럼$^{spectrum, 복수는 spectra}$을 나타내고, 스펙트럼에는 많은 정보가 들어 있다는 사실을 몰랐다. 콩트가 죽고 나서 2년 후에 분광학이 발전하면서 세상을 보는 눈이 바뀌게 된다.

The story goes back to Newton

Who separated light from the sun

And observed the solar spectrum.

What he saw was a continuum

From red to violet.

Instead you will see a doublet

From a flame with sodium

Which gives off yellow light

Like an elemental fingerprint.

The contrast is continuum vs. line.

It was in 1859

That by Bunsen and Kirchhoff

The science of spectroscopy was kicked off.

분광학의 출발은 뉴턴(Isaac Newton)Newton까지 거슬러 올라 갈 수 있다. 뉴턴은 태양sun이 내는 빛을 프리즘으로 파장별로 분리해서 태양 스펙트럼solar spectrum을 관찰하였다. 그가 가시광선 영역에서 본 것은 빨강에서 보라색violet까지의 연속 continuum 스펙트럼이었다. 소듐sodium의 불꽃 반응은 노란색의 빛light을 내는데, 스펙트럼은 두 개doublet의 노란 선으로 나타나서 원소의 지문fingerprint 역할을 한다. 태양 스펙트럼과 소듐의 스펙트럼은 연속인가 선line인가로 대비된다. 선이라는 특성은 우리가 자연을 이해하는 데 대단히 중요한 의미를 지닌다. 1859eighteen fifty nine년에 분젠(Robert Bunsen)Bunsen과 키르히호프 (Gustav Kirchhoff)Kirchhoff에 의해 빛을 분리해서 선을 조사하는 분광학이라는 과학의 분야가 시작kick off되었다.

There are three types of spectra.

If you separate light from a light bulb or a nebula,

You will see a continuous spectrum

Like a rainbow after the shower.

If you separate light from a hot gas,

You will see an emission line spectrum

Characteristic of the gas atom.

If you separate light from stars

Passing through their atmosphere

Of a cold gas,

You will see an absorption line spectrum

Where dark lines overlap the continuum,

Because the gas atom absorbs at frequencies

Where they would emit when excited as in a hot gas.

　스펙트럼spectra에는 세 종류가 있다. 전구나 별이나 또는 성운nebula에서 나오는 빛을 분리하면 소나기shower 후의 무지개처럼 연속 스펙트럼continuous spectrum을 볼 수 있다. 불꽃 반응에서처럼 뜨거운 기체hot gas에서 나오는 빛을 분리하면 그 기체 원자atom가 내는 특이한 방출 선스펙트럼emission line spectrum을 볼 수 있다. 차가운 기체cold gas의 대기atmosphere를 통과한 별빛light from stars을 분리하면 흡수 선스펙트럼absorption line spectrum을 보게 된다. 왜냐하면 기체 원자들이 뜨거운 기체의 경우처럼 높은 에너지 상태로 올라갔다가 떨어지며 방출하는 것과 같은 진동수frequencies에서 에너지를 흡수하기 때문이다. 이러한 별빛의 흡수 선스펙트럼에는 엄청난 우주의 비밀이 숨어 있는데, 이 비밀을 풀어서 빅뱅 우주론의 또 하나의 주춧돌을 놓은 과학자로 슬라이퍼(Vesto Slipher, 1875∼1969)를 들 수 있다.

Slipher's PhD was from Indiana.
All his life he worked in Arizona.
At Lowell he studied spectra.
His object was Andromeda.
He called it Andromeda nebula.

슬라이퍼는 리비트보다 7년 뒤에 태어났으니 리비트와 거의 동시대 인물이라고 말할 수 있다. 그러나 리비트가 대학원 교육을 받지 못하고 평생 인정을 받지 못하였던 것과 달리 슬라이퍼는 성공적인 천문학자의 삶을 살았다. 그는 1909년에 미국의 인디애나Indiana대학교에서 박사학위를 받은 후 거의 평생을 애리조나Arizona 주 플래그스태프에 있는 로웰천문대(Lowell Observatory)에서 보냈다. 1916년부터 1926년까지는 부소장으로, 1926년부터 77세가 되던 1952년까지는 소장으로 일하면서 연구와 행정에 많은 업적을 남겼다. 명왕성 발견으로 유명해진 톰보(Clyde Tombaugh)를 채용하고 지원한 것도 그였다. 초기에 그는 안드로메다Andromeda 성운에서 오는 빛의 스펙트럼spectra을 조사하였는데, 당시에는 안드로메다가 은하인 것을 몰랐기 때문에 안드로메다 성운Andromeda nebula이라고 불렀다.

로웰천문대를 건설한 로웰(Percival Lowell)은 보스턴 지역 명문가의 일원이었는데, 특히 화성에 문명을 이룩한 생명체가 있을 것이라는 믿음을 가지고 이를 증명하기 위해 사재를 털어서 천문 관측에 적합한 애리조나 주에 천문대를 건설하고 화성을 상세히 조사하는 데 열성을 보였다. 로웰은 구한말인 1893년 8월부터 11월까지 박영효, 홍영식, 유길준 등이 보빙사로 미국을 방문하고 귀국하는 3개월 동안 이들을 수행하였고, 고종의 초청으로 다시 조선을 3개월 동안 방문하고 돌아가서 『고요한 아침의 나라 조선(Choson, the Land of the Morning Calm)』이라는 책을 내기도 하였다.

슬라이퍼의 가장 잘 알려진 업적은 안드로메다 성운에서 청색편이를 관찰한 것이다. 20세기 초에 알려진 여러 성운 중에서 안드로메다 성운은 도시의 불빛이 없는 지역에서는 맑은 날 밤에는 맨눈으로도 볼 수 있을 정도의 특이한 성운이었다. 더구나 망원경으로 관찰하면 나선 구조를 잘 볼 수 있었다. 그래서 후일 허블도 그랬듯이 여러 천문학자들이 안드로메다 성운에 관심을 가지고 연구하였던 것이다.

대부분의 천문학자들이 어떤 별이나 성운을 연구할 때는 그 천체가 내는 빛 전체를 망원경으로 모아서 사진을 찍고 그 사진으로부터 그 천체의 위치, 밝기, 운동 등을 조사하였다. 그러나 슬라이퍼의 전문 분야는 별빛을 프리즘으로 분리해서 파장별로 별빛을 조사하는 것이었다.

분광학 방법으로 안드로메다 성운을 조사하던 슬라이퍼는 1912년에 예상하지 못하였던 사실을 관찰하였다. 안드로메다 성운이 나타내는 선스펙트럼이 원래 파장보다 짧은 파장에서 나타난 것이다. 물론 별에는 여러 가지 원소들이 있기 때문에 선들도 여러 개가 나타나는데 이 모든 선들이 전체적으로 짧은 파장 쪽으로 이동한 것이다. 무지개 스펙트럼에서 긴 파장 쪽은 적색, 짧은 파장 쪽은 청색에 해당하기 때문에 선이 짧은 파장 쪽으로 이동하는 것은 청색편이(blueshift)라고 부른다. 만일 선이 긴 파장 쪽으로 이동하였다면 적색편이(redshift)가 될 것이다.

청색편이 또는 적색편이는 우리에게 익숙한 도플러 효과로 이해할 수 있다. 1842년에 오스트리아의 물리학자인 도플러(Christian Doppler)는 빈(Vienna) 시가에서 흥미로운 실험을 하였다. 마차에 트럼펫 주자를 여러 명 태우고 일정한 음을 소리내게 하고는 마차를 전속력으로 질주하게 하였다. 그리고 길가에 음감이 좋은 사람들을 세우고 어떤 음이 들리는지 맞추게 하였다. 그랬더니 마차가 다가올 때는 트럼펫 주자가 내는 것보다 높은 음이 들리고, 듣는 사람을 통과해서 멀어지는 순간부터 낮은 음이 들리는 것이었다. 그렇다면 선스펙트럼이 청색편이를 나타낸다는 것은 그 빛을 내는 물체, 즉 슬라이퍼의 경우에는 안드로메다 성운이 태양계에 접근한다는 것을 뜻한다. 슬라이퍼는 청색편이의 정도로부터 안드로메다 성운이 초속 300킬로미터의 속력으로 태양계에 접근한다는 것을 계산해 내었다.

슬라이퍼 이전에도 선스펙트럼의 편이가 관찰된 적이 있었다. 1868년에 영국의 천문학자인 허긴스 부부(William and Margaret Huggins)는 밤하늘에서 가장 밝은 별인 시리우스의 선스펙트럼이 적색편이를 나타내면서 초속 40킬로미터의 속도로 멀어져 가는 것을 관찰하였다. 그러나 시리우스는 태양계로부터 8.6광년 거리에 위치한 우리 은하 내의 별이다. 태양계에서 가장 가까운 별이 4.3광년 거리의 알파 센타우리 프록시마인 것을 생각하면 시리우스는 우리로부터 아주 가깝고 그래서 밝은 별인 것을 알 수 있다. 이렇게 가까운 별이라면 중력으로 끌릴 것 같은데 멀어진다는 것을 보면 우리 은하 내의 별들이 정지해 있지 않고 다이내믹하게 운동한다는 것을 알 수 있다. 아무튼 초속 300킬로미터라는 안드로메다 성운의 속도는 그 이전에 관찰된 어떤 천체의 운동보다 10배 가까이 더 빠른 놀라운 속도였다. 지금 생각해 보면 우리 은하도, 안드로메다 은하도 1,000억 개 이상의 별들로 이루어진 거대한 천체이므로 이들이 서로의 중력 작용으로 상당한 속도로 끌리는 것은 충분히 이해할 수 있다.

1913년에 발표한 논문의 첫 문장에서 슬라이퍼는 "성운들은 일반적으로 나선 모양이고, 이런 나선 성운은 우리가 생각하였던 것보다 훨씬 많다."라고 적었다. 그리고 관찰된 청색편이로부터 안드로메다 성운이 초속 300킬로미터의 속력으로 태양계에 접근하고 있다고 결론을 내렸다. 그런데 마지막 문장에서는 "이 연구를 다른 천체에 적용하면 근본적으로 중요한 결과가 나올 것이 확실하지만, 스펙트럼이 너무 약해서 일이 어렵고 결과를 얻는 것이 느리다."라는 식으로 다소 부정적인 느낌으로 논문을 끝냈다.

그렇다고 해서 슬라이퍼가 성운 연구를 그만둔 것은 아니다. 그는 1920년대 초반까지 25개 성운의 스펙트럼을 조사하였는데, 그중에서 21개가 적색편이를 나타냈다. 메시에의 성운 리

스트에 약 30개의 외계 은하가 들어 있는 것을 생각하면 북반
구에서 관찰할 수 있는 비교적 가까운 외계 은하가 그 정도 있
다는 것을 알 수 있다. 따라서 슬라이퍼가 적색편이를 관찰한
성운은 대부분 메시에 리스트에 들어 있는 성운이라고 짐작할
수 있다. 그런데 슬라이퍼는 이런 성운들이 우리 은하 밖의 외
계 은하일지도 모른다는 추측을 내놓기도 하였지만 이들 성운
의 거리를 측정하지 못하였기 때문에 자신의 발견의 의미를 우
주의 팽창으로 해석하지는 못하였다. 슬라이퍼는 94세인 1969
년에 세상을 떠났으니 1965년에 우주배경복사가 발견되고 빅
뱅 우주론이 자리를 잡는 것을 보고 죽은 셈이다.

1.3 허블의 법칙

Hubble had an assistant.

His name was Humason.

Once a mule driver at Mt. Wilson,

He was such a persistent

And devoted person.

He was with the telescope competent,

And thus of his data confident.

1923년에 안드로메다가 은하인 것을 발견한 허블(Edwin

Hubble, 1889~1953)은 거기에 만족하지 않았다. 항상 최고를 지향하였고 세계 최고의 망원경을 사용할 수 있는 위치에 있던 허블은 계속해서 하늘의 여러 방향으로 망원경을 돌려가며 여러 성운을 조사하였다. 그러면서 40여 개의 성운이 우리 은하 밖의 외계 은하인 것을 발견하였다. 한편 슬라이퍼가 여러 성운이 적색편이를 나타낸다는 관찰을 하였다는 사실을 알게 된 허블은 자신이 발견한 외계 성운들에 대해 거리와 적색편이의 관계를 조사해 보기로 하였다. 하지만 그것은 엄청나게 어렵고 많은 일이었기 때문에 누군가의 도움이 필요하였다.

이때 윌슨산천문대에 휴메이슨(Milton L. Humason, 1891~1972)이라는 특이한 경력을 가진 젊은이가 있었다. 미국 중부 미네소타 출신인 그는 중학생인 15세 때 여름방학 캠프에 참가하였다가 캘리포니아 주의 윌슨 산에 반하여 부모를 설득해서 1년간 휴학을 하고 윌슨 산에 머물렀다. 그러고는 다시 학교로 돌아가지 않았다. 마침 그 당시 윌슨 산에서는 헤일(George E. Hale)의 지휘 하에 천문대 건설이 진행 중이었는데, 휴메이슨은 해발 1,700미터의 건설 현장으로 목재 등 물자를 운반하는 노새몰이가 되어 천문학과 인연을 맺게 되었다. 그러면서 한 엔지니어의 딸을 좋아하게 되어 결혼까지 하였지만 노새몰이에게 딸을 준 장인의 마음에는 들지 못하였다. 이에 휴메이슨은 주변의 오렌지 농장에 취업해서 단시일 내에 책임자로 승진하면서 인정을 받았고, 26세에는 엔지니어였던 장인의 추천으로 천문대의 수위가 되었다. 그리고 그때 마침 천문대에서 밤일을 하는 조수를 뽑는다는 공고를 보고 지원하여 선발되었다. 휴메이슨은 이때부터 평생 천문학자의 길을 걷게 되는데, 1919년에는 그의 자질을 알아본 헤일 소장이 주변의 모든 반대를 물리치고 초등학교 졸업장밖에 없는 휴메이슨Humason을 윌슨Wilson산천문대 스태프로 고용하였다. 그는 자신이 좋아하는 일을 찾는 끈질긴 persistent 사람person이었고, 별 사진을 찍고 스펙트럼을 얻는 일에 아주 유능competent하였기 때문에 자신의 데이터에 대해서는 자신을 가질 수 있었다confident.

In the nineteen twenties,

Working hard with Humason

At Mt. Wilson

Hubble investigated forty six galaxies.

Their behavior was explained by Eddington.

윌슨 산Mt.Wilson에서 휴메이슨Humason과 팀을 만든 허블은 1920년대nineteen twenties에 46개의 은하들galaxies을 발견하였다. 그것은 46개 성운의 거리를 측정해서 이들이 우리 은하 밖의 천체라는 것을 보여 주었다는 뜻이다. 물론 그중 첫 번째는 1923년에 세페이드 변광성을 찾아서 거리를 측정한 안드로메다 은하이다. 그렇다면 46개의 성운에서 모두 세페이드 변광성을 찾아서 거리를 계산한 것일까? 허블은 1929년에 이 46개의 성운에 대한 거리와 적색편이 사이의 관계를 발표하였는데, 이 논문을 읽어 보면 마젤란 성운, 안드로메다 성운 등 비교적 가까운 6개의 성운에서만 세페이드 변광성을 찾은 것을 알 수 있다. 변광성을 찾으려면 별의 밝기가 변하는 것을 잡아내야 하는데, 별이 멀수록 장시간 노출을 해야 사진을 찍어낼 수 있고 그래서 정확히 별의 밝기가 변하는 것을 잡아내기가 어려웠기 때문이다.

그렇다면 나머지 40개 성운의 거리는 다른 방법으로 추정할 수밖에 없었을 텐데, 허블과 휴메이슨은 어떤 방법을 동원하였을까? 성운 내의 수많은 별들 중에서 극히 일부인 세페이드 변광성을 찾는 것보다는 그 성운에서 관찰할 수 있는 별 중에서 가장 밝은 별을 찾는 것이 쉬울 것이다. 허블은 성운에서 가장 밝은 별의 절대밝기는 어느 성운에서나 비슷할 것이라고 가정하고, 그런 별들의 겉보기밝기를 비교해서 성운의 상대적 거리를 계산하였다. 그 다음으로 성운이 너무 멀어서 가장 밝은 별을 찾는 것도 어려운 경우에는 성운 전체가 내는 빛의 양이 비슷하다고 가정하고 성운 전체가 얼마나 어둡게 보이는가를 측정해서 성운의 상대적 거리를 계산하였다. 이런 가정들을 생각해 보면 거리 측정에 상당한 오차가 들어 있었으리라는 것을 짐작할 수 있다. 이들 성운의 적색편이는 대부분 슬라이퍼가 이미 측정한 값을 확인해서 사용하는 식이었다.

허블의 1929년 논문에는 46개 성운에 대해서 거리를 x-축에, 측정된 적색편이로부터 계산한 후퇴속도를 y-축에 나타낸 그래프가 나온다. 주로 거리의 오차 때문에 오늘날의 기준으로 보면 썩 좋은 데이터는 아니지만 대략적으로 원점을 지나는 1차

관계가 보인다. 이 비례관계를 허블의 법칙이라고 부른다. 이 논문에서 휴메이슨은 본문에 한 번 언급되었을 뿐이고, 허블이 단독 저자로 되어 있다. 당시 휴메이슨은 초등학교 졸업장밖에 없는 조수에 불과하였기 때문이다. 1929년 이후에 휴메이슨은 허블의 법칙이 훨씬 멀리 있는 성운들에게도 적용되는 것을 증명하는 데 많은 노력을 기울였다. 2년 후인 1931년에는 1억 광년 거리의 은하까지 허블의 법칙이 좋은 직선 관계를 나타내는 것을 보여 주었고, 은퇴할 때까지 620개의 거리가 먼 성운에 대해 적색편이를 측정하였다. 그리고 나중에는 스웨덴의 룬드대학교에서 명예 박사학위를 수여받았다. 중고등학교 졸업장, 학사, 그리고 석사 학위를 건너뛴 셈이다. 지금 같았으면 허블-휴메이슨의 법칙이라고 불러야 마땅하겠지만, 겸손하고 조용한 휴메이슨은 한 번도 그 점에 대해 불만을 표시한 적이 없었다고 한다.

1933년에 케임브리지대학교의 천문학자 에딩턴Eddington은 허블과 휴메이슨의 결과를 우주의 팽창이라고 해석하였다. 우주의 공간 자체가 팽창한다면 모든 은하가 다른 은하로부터 멀어지고, 멀리 있는 은하일수록 빨리 멀어져 갈 것이기 때문이다. 에딩턴은 풍선의 한 부위에 점을 여러 개 찍고 풍선을 불면 모든 점이 다른 점으로부터 멀어지고, 멀리 있는 점일수록 빨리 멀어져 가는 것으로 우주의 팽창을 설명한 것으로 알려져 있다. 하지만 실제로는 한 대중 강연에서 청중들에게 이 강의실이 점점 커진다면 청중들 사이의 거리가 멀어지고, 멀리 있는 사람들 사이의 거리는 더 빨리 멀어질 것이라고 설명하였다고 한다.

The farther a galaxy is,

The faster it recedes.

The slope is the Hubble constant

Whose inverse is

The age of the universe,

Which is about 14 billion years.

은하가 멀수록[is] 빨리 멀어진다면[recedes] $v = Hd$ (v는 후퇴 속도, d는 은하의 거리) 식의 선형관계로 나타낼 수 있는데, 이때 비례상수 H를 허블상수라고 부른다. 허블의 법칙을 보여 주는 그래프에서 모든 은하가 정확히 직선상에 놓여 있다면 어느 은하를 잡더라도 거리를 속도로 나누면 그 속도로 그 거리에 도달하는 데 걸린 시간이 나올 것이다. 그런데 허블상수는 속도를 거리로 나눈 값이므로 위에서 구한 시간은 허블상수의 역수가 되고, 그 값이 바로 우주의 나이가 된다. 모든 은하들이 한 점에 모여 있던 초기 우주로부터 현재 우주까지 은하들이 멀어져 온 시간이 우주의 나이이기 때문이다. 물론 우주의 팽창을 과거로 거슬러 올라가서 만나게 되는 아주 초기 우주에는 아직 은하가 없었다. 별과 은하가 처음 생긴 것은 우주의 나이가 3억 년 정도 되었을 때라고 생각되는데, 이것은 우주 나이의 2% 정도에 해당한다. 따라서 허블의 그래프에서 원점에는 데이터 점이 없다.

허블상수로부터 우주의 나이를 계산하려면 은하의 후퇴 속도가 일정하다는 가정이 필요하다. 그러나 우주의 팽창 초기에는 급격히 가속되는 인플레이션이 있었고, 그 다음에는 은하들 사이의 중력 작용 때문에 약간의 감속이 있었을 것이다. 그런데 우주의 나이가 현재 나이의 절반 정도를 넘어서면 소위 암흑 에너지의 효과 때문에 팽창에 가속이 붙는다. 따라서 어느 시점에서 허블상수를 취하는가에 따라 우주의 나이에는 약간의 차이가 생긴다.

허블이 1929년에 발표한 그래프의 자료로부터 우주의 나이를 계산하면 20억 년 정도가 얻어진다. 당시에는 우주 공간의 먼지가 빛을 가리는 효과를 제대로 보정하지 못하였기 때문에 은하의 거리 측정에 상당한 오차가 있었다. 그 이후에 휴메이슨, 그리고 허블의 후계자인 샌디지(Allan Sandage) 등에 의해 보다 정밀한 허블상수의 측정이 이루어졌고, 최근 발표된 허블상수를 사용하면 우주universe의 나이는 140억 년years 정도로 얻어진다. 지금은 우주의 나이가 138억 년으로 유효숫자 세 자리까지 알려져 있다. 그런데 허블상수로부터는 이 정도로 정확한 값이 나올 수 없다. 그렇다면 138억 년이라는 우주의 나이는 어떻게 얻어졌을까? 아무튼 인간은 우주의 크기를 측정하다가 우주의 나이를 측정한 셈이다.

The age of the universe is finite.
The size is also finite.

Newton considered the universe infinite

To avoid the gravitational collapse.

But argued Olbers

That the sky must be bright

If the universe were infinite.

138억 년은 엄청나게 긴 시간이다. 그러나 유한한finite 시간이다. 그 이전의 시간은 성립하지 않는다는 말이다. 우주가 한 점에서 출발해서 유한한 시간 동안 팽창해 왔다면 우주의 크기도 유한할 수밖에 없을 것이다. 아무리 초기 우주에 인플레이션이 있었다고 해도 초기의 팽창 속도가 무한대infinite일 수는 없기 때문이다.

17세기에 영국의 물리학자 뉴턴은 우주가 무한하다고 생각하였다. 우주가 유한하다면 모든 천체들이 자신이 발견한 만유인력에 의해 한 점으로 붕괴collapse할 테니까 말이다. 우주가 무한히 크다고 하면 그런 중력 붕괴를 피할 수 있게 된다. 물론 우주는 유한하지만 아직 중력 붕괴 과정에 있을 수도 있다. 그러나 신앙심이 깊은 뉴턴은 먼 장래라고 하더라도 우주 전체가 한 점으로 붕괴할 리는 없다고 생각한 모양이다. 결과적으로 뉴턴이 틀린 것으로 판명이 났다. 위대한 과학자라고 해서 모든 면에서 맞는 것은 아닌 듯하다.

1823에 독일의 올베르스(Heinrich Olbers)Olbers는 우주가 무한infinite하다면 하늘은 항상 밝아야bright 할 것이라고 주장하였다.

우주가 무한하다면 우주에는 무한히 많은 별이 있고, 그 별빛은 무한히 긴 시간을 통해 지구에 도달하였을 것이기 때문이다. 밤 하늘이 어두운 것은 유한한 우주의 확실한 증거이다. 물론 우주 가 무한하다면 밤의 하늘이나 낮의 하늘이나 어느 방향으로 보 아도 눈을 뜰 수 없게 밝을 것이다. 허블의 법칙은 뉴턴이 틀리 고 올베르스가 맞았다고 판정을 내렸다.

Einstein's theory of general relativity
Implied that the universe is dynamic.
But Einstein with all his creativity
Considered it to be static
And introduced a constant
To keep the static universe permanent.
He called it cosmological
And considered it logical.
It became a blunder in an instant
When Hubble discovered expansion universal.

20세기 이전의 최고 과학자가 뉴턴이었다면 20세기의 최고 과학자는 아인슈타인이다. 1916년에 발표된 아인슈타인의 일 반상대성general relativity 이론을 우주의 구조에 대해서 풀자 우주 가 동적dynamic이라는 해가 얻어졌다. 이러한 해를 얻은 대표적 인 이론가 중에는 러시아의 프리드만(Alexander Friedmann, 1922년)

과 벨기에의 르메트르(Georges Lemaître, 1927년)가 있었다. 그런데 「타임」이 20세기의 인물로 꼽을 정도로 창의력creativity이 뛰어난 아인슈타인은 우주가 정적static이라고 믿었다. 그리고 1917년에 어떤 상수constant를 도입해서 정적 우주가 영원하도록 permanent 만들었다. 우주가 정적이라면 뉴턴이 걱정하였던 대로 모든 천체가 한 점으로 중력 붕괴를 하게 되므로, 이에 반하는, 즉 중력에 반해서 서로 밀어내는 힘을 도입한 것이다. 그것을 보면 아인슈타인은 뉴턴과 달리 우주의 유한성을 받아들인 듯하다.

아인슈타인은 자신의 상수를 우주cosmological상수라고 불렀고, 우주가 정적이라면 중력 붕괴를 막아 주는 우주상수가 있는 것이 타당하다고logical 생각하였다. 그런데 허블이 우주적 universal 팽창을 발견하면서 단번에in an instant 우주상수는 아인슈타인의 최대 과오가 되어 버렸다. 우주가 정적이 아니고 팽창한다면 구태여 천체들을 바깥쪽으로 밀어내는 힘이 필요 없기 때문이다. 아인슈타인은 1931년에 윌슨산천문대를 방문해서 허블과 휴메이슨 등을 만나고, 1929년에 발표된 자료들을 직접 검토하였다. 그리고는 우주상수를 도입한 것이 자신의 일생 최대 과오라고 인정한 것이다.

The universe seemed to grow

According to George Gamow.

But the big bang theory was of no avail

To Fred Hoyle.

The term did one to another owe

During the 1940s' turmoil.

아인슈타인까지 우주의 팽창을 인정하였으나 1930년대에도 빅뱅 우주론이 자리를 잡지는 못하였다. 정상 우주론과 빅뱅 우주론은 30년 정도 대결을 유지하였는데, 우주의 시작이 있다는 빅뱅 우주론의 엄청난 주장을 쉽게 받아들이기는 어려웠으리라 짐작은 가고도 남는다.

허블의 법칙에 따르면 우주는 커지는^{grow} 것처럼 보인다. 그렇다면 초기 우주는 엄청나게 온도와 밀도가 높은 한 점이었을 것이고 이 초기 우주가 대폭발을 통해 지금까지 팽창을 계속하고 있다는 가설이 가능하다. 당시 이 빅뱅을 재빨리 받아들인 과학자 중에는 우크라이나 출신의 물리학자 가모브(Georgiy Antonovich Gamov, 1904~1968)^{Gamow}가 있었던 반면 케임브리지대학교의 호일(Fred Hoyle)^{Hoyle}에게 빅뱅 우주론은 받아들일 수 없는$^{of\ no\ avail}$ 것처럼 보였다. 1949년 어느 날 영국의 BBC 라디오 방송에서 호일이 "가모브는 우주가 빅뱅으로 시작되었다고 하는데……." 식으로 핀잔 조의 발언을 하였는데, 그 이후로 빅뱅이라는 표현이 굳어졌다. 1920년의 섀플리와 커티스의 논쟁에서와 마찬가지로 어느 쪽이 맞는지 결론을 내리기 어려웠던 1940년대의 혼란^{turmoil} 중에서 가모브는 빅뱅이라는 단어를 호일에게 신세를 진^{owe} 셈이 되었다.

2.
우주배경복사

In science for a new hypothesis to be accepted

It should be able to predict a new phenomenon.

Once the phenomenon is discovered

The hypothesis becomes established.

The atomic theory of Dalton

Was based on Lavoisier's mass conservation

And Proust's definite proportion.

Dalton was convinced and thus proposed

The law of multiple proportions

Two hundred years have passed

And we all believe in atoms.

1929년에 허블의 법칙이 발표되고 나서 20년 후에 빅뱅이라는 말이 등장하였다. 그리고 나서도 10여 년 동안 빅뱅은 과학계에서 널리 받아들여지지 않았다. 그것은 우주에 시작이 있었다는 생각이 쉽게 받아들여지기에는 너무도 생소한 것이었기 때문이기도 하지만, 실은 과학의 본질과도 관련이 있다.

과학에서는 어떤 새로운 가설이나 이론이 일단 성공을 거둔다고 하더라도 보다 확실히 자리를 잡고 폭넓게 받아들여지려면accepted 이 가설이 전혀 새로운 현상phenomenon을 예측할 수 있어야 한다. 그리고 그러한 예측이 실제로 발견되면discovered 비로소 그 가설이 확실하게 되는established 것이다. 이러한 좋은 예로 돌턴(John Dalton)Dalton의 원자론이 있다. 1808년경에 발표된 돌턴의 원자론은 18세기 말에 발견된 라부아지에(Antoine Lavoisier)의 질량보존mass conservation 법칙과 프루스트(Joseph Proust)의 일정성분비definite proportion 법칙에 기반을 두고 있다.

고체인 흑연(탄소, C)이 공기 중의 산소(O_2)와 결합해서 이산화탄소(CO_2)가 되는 반응을 생각해 보자. 언뜻 보면 고체가 사라지고 약간의 가벼운 재가 남았으면 질량은 줄어든 것 같다. 기체인 산소나 이산화탄소의 질량은 재기 어렵기 때문이다. 그런데 라부아지에는 스스로 정밀한 저울을 만들어서 여러 가지 반응에 대해 반응물과 생성물의 질량을 측정하고 반응 과정에서 질량은 보존된다는 것을 증명하였다. 말하자면 원자량이 12인 탄소 12그램이 타면 원자량이 16인 산소 32그램이 사라지고, 분자량이 44인 이산화탄소 44그램이 생기는 것이다. 한편 일정성분비의 법칙이 맞으면 탄소를 태워서 얻은 이산화탄소에도, 석회석에 산을 가해서 얻은 이산화탄소에도 탄소와 산소가 12:32의 질량 비율로 들어 있어야 한다. 프루스트는 여러 화합물에 대해서 성분이 일정한 것을 증명하였다.

돌턴은 이러한 모든 실험 결과를 합리적으로 설명할 수 있는 가장 타당한 방법은 원자의 존재를 가정하는 것이라고 생각하였다. 허블의 법칙을 우주의 팽창으로 해석하는 것은 질량보존 법칙과 일정성분비 법칙을 원자론으로 설명하는 것과 같다. 그런데 원자의 존재를 확신한 돌턴은 원자론을 확실한 기반에 올려놓기 위해 배수 비례multiple proportions라는 하나의 예상을 제안하였다proposed. 만일 C 원자 한 개와 O 원자 두 개가 결합해서 CO_2가 된다면 C 원자 한 개와 O 원자 한 개가 결합하면 CO가 될 것이다. 그렇다면 C 원자 한 개와 결합하는 O 원자의 수에는 1과 2라는 배수 비례 관계가 성립할 것이다. 질량 면에서는 12그램의 탄소와 결합하는 산소의 질량은 16그램과 32그램으로 두 배의 관계가 된다. 돌턴은 여러 경우에 대해서 이런 배수 관계가 성립하는 것을 보여 주어 스스로 자신의 원자론의 타당성을 확립하였다. 그 후 약 200년이 지나갔다passed. 그리고 오늘날 우리는 모두 여러 종류의 원자들atoms을 믿고 있다. 허블의 법칙으로 출발한 빅뱅 우주론이 제대로 자리를 잡기 위해서는 어떤 예상이 가능하고 그러한 예상이 어떻게 확인될 수 있을까?

After three hundred eighty thousand

As the temperature dropped to three thousand,

Electrons became part of an atom

Loosing their freedom.

The universe transparent turned

As photons were decoupled.

They were picked up by Penzias and Wilson

At Bell Labs in New Jersey

While physics professor Dicke

Was looking for them at Princeton

About thirty miles away.

The discovery of the radiation at 3K

Nailed down the big bang theory.

우주의 모든 에너지가 한 점에 몰려 있었던 빅뱅으로부터 대폭발로 우주가 팽창하면서 진화하였다면 현재의 우주에는 전체적으로 아주 낮은 에너지가 깔려 있을 것이 예상된다. 에너지 보존법칙에 따라 우주가 커지면 에너지 밀도가 낮아질 수밖에 없기 때문이다. 그리고 낮은 에너지 밀도는 결국 낮은 온도에 해당할 것이다. 그런데 문제는 이 낮은 우주 배경의 온도가 어떤 방식으로 측정될 수 있는 것인가 하는 것이었다. 그러면서 다음과 같은 예상이 이루어졌다.

우주의 나이가 38만^{three hundred eighty thousand} 년이 되어 우주

의 온도가 3,000^three thousand도 정도까지 떨어졌을 때, 운동에 너지가 낮아진 전자는 자유^freedom를 잃고 원자핵에 붙잡혀 원자^atom의 일부가 되었을 것이다. 그 이전에는 광자가 전자와 밀접하게 상호작용하기 때문에 빛이 직진하지 못하여 우주는 불투명하였지만, 이때 광자가 전자로부터 분리되어^decoupled 우주는 투명하게 바뀌었을^turned 것이다. 이때 우주를 채웠던 빛을 우주배경복사라고 부른다. 당시의 우주배경복사는 3,000도에 해당하는 가시광선 중 붉은 빛의 특성을 가지고 있었을 것이다. 이후 우주가 138억 년 동안 팽창하면서 우주의 온도가 3,000도에서 약 3도(절대온도)까지 떨어져 지금은 3도에 해당하는 마이크로파의 특성을 지니고 있을 것이다.

우주배경복사를 상당히 정확하게 예측한 것은 가모브의 제자들이었다. 1948년에 알퍼(Ralph Alpher)와 허먼(Robert Herman)은 약 5도의 우주배경복사를 예측하였는데, 10여 년 동안 아무도 이 낮은 온도의 우주배경복사를 검출할 엄두도 내지 못하였다. 그러다가 1965년에 미국 동부 뉴저지^New Jersey 주의 벨연구소에서 펜지어스(Arno Penzias)와 윌슨(Robert Wilson)^Wilson이 우주배경복사를 잡아냈다. 실은 그들은 벨연구소의 거대한 마이크로파 안테나를 다른 연구에 사용하려고 준비 중이었는데 계속해서 들어오는 잡음을 없애지 못해 골치를 앓고 있었다. 나중에 이 잡음은 빅뱅의 직접적인 증거라고 볼 수 있는 우주배경복사인 것으로 판명이 났다. 그런데 이때 벨연구소에서 30마일 떨어진^away 프린스턴^Princeton대학교의 물리학 교수인 디키(Robert

Dicke)^{Dicke}는 마이크로파 안테나를 조립해서 우주배경복사를 검출하기 위한 준비를 하고 있었다. 결과적으로 빅뱅에 대해서는 관심도 없었던 펜지어스와 윌슨이 자신들이 제거하려고 노력하였던 잡음 때문에 1978년 노벨 물리학상을 수상하게 된 것이다. 그리고 3도^{3K}에 해당하는 우주배경복사의 발견은 빅뱅 이론^{big bang theory}을 더욱 확실하게 만들어 주었다^{nailed down}.

1929년 허블의 논문에서 허블이 본 가장 먼 은하의 거리는 1,000만 광년 이내였다. 이것은 우리가 볼 수 있는 우주의 끝, 즉 약 140억 광년에 비해 0.1%도 못 된다. 그 후 허블의 법칙이 1억 광년 거리의 은하에까지 확장되었다고 하더라도 우주의 팽창으로부터 빅뱅을 유추하는 것은 우주의 나이에서 최근 1%를 관찰하고 그 결과를 나머지 99%에까지 적용하는 셈이다. 그에 반해 우주배경복사를 관찰한 것은 우주의 역사 전체를 거슬러 올라간 것에 해당한다. 처음 38만 년은 140억 년에 비하면 아주 짧은 시간이기 때문이다. 아무튼 1965년에 우주배경복사가 발견되고 이 업적에 대해 1978년 노벨 물리학상이 주어지면서 빅뱅 우주론은 확실히 자리를 잡게 되었다.

Using data collected by COBE
Mather verified the unique feature
Of the 2.725 K blackbody.
And Smoot discovered anisotropy
Of the cosmic background temperature

Which led to the current macroscopic structure.

우주배경복사가 발견되고 노벨상까지 주어졌지만 확인하고 싶은 일이 두 가지 있었다. 첫째는 우주배경복사가 완벽한 흑체 복사blackbody 스펙트럼을 나타내는가 하는 점이고, 둘째는 우주 배경복사가 약간의 미세한 차이를 나타내는가 하는 점이었다. 우주배경복사의 정밀 측정을 위해 코비(COBE, cosmic background explorer), WMAP(Wilkinson Microwave Anisotropy Probe), 그리고 플랑 크(Planck) 위성 등 세 차례 탐사위성이 발사되었는데, 1989년 에 발사된 코비COBE 위성이 수집한 데이터를 분석해서 매더 (John Mather)는 2.725도 흑체복사에 해당하는 특징unique feature을 확인하였다.

역시 코비 위성을 통해서 스무트(George Smoot)는 우주배경복 사 온도temperature의 비등방성anisotropy을 발견하였다. 비등방성 이란 어떤 성질이 우주의 방향에 따라 완전히 같지 않고 약간 의 차이를 나타내는 것을 말한다. 이 경우에는 우주배경복사의 온도가 전체적으로는 2.725도이지만 방향에 따라 0.0005도 정 도 높거나 낮다는 뜻이다. 현재 우주의 거시적 구조structure, 즉 수억 광년 규모로 볼 때 어디는 은하들이 몰려 있고 어디는 빈 공간이라는 사실은 이러한 비등방성이 확대되어 만들어진 것 이다. 매더와 스무트는 2006년 노벨 물리학상을 수상하였다. 1978년에 이어 우주배경복사에 대해 두 번째로 노벨상이 주어 진 것이다.

Hot objects dusky red

Emit much radiation in infrared.

Next in energy is visible

Like Hawthorne's Letter Scarlet.

What comes next is invisible

And is called ultraviolet.

매더의 업적을 이해하기 위해서는 흑체복사를 이해해야 한다. 흑체란 모든 파장의 빛을 흡수하기 때문에 검은 물체를 말한다. 모든 파장의 빛을 흡수하는 것처럼 빛을 방출할 때도 모든 파장의 빛을 방출한다. 그런데 온도에 따라 어떤 파장의 빛이 많이 나오는지가 달라진다. 시뻘건dusky red 뜨거운 물체는 눈에는 보이지 않는 적외선infrared 영역에서 많은 복사를 낸다. 적외선은 무지개 스펙트럼에서 파장이 긴 적색의 바깥쪽에 해당한다. 붉게 보이는 적색거성은 표면 온도가 3,000도 정도이다. 화산 폭발 때 흘러내리는 용암이 뜨겁기도 하지만 호손(Nathaniel Hawthorne)의 소설 『주홍 글씨』의 주홍Scarlet처럼 붉게 보이는 것을 보면 적외선도 나오지만 적외선보다 에너지가 높은 가시광선visible도 나오는 것을 알 수 있다. 하지만 3,000도에서는 가시광선보다 적외선이 더 많이 나온다. 태양처럼 표면 온도가 6,000도 정도가 되면 가시광선이 적외선보다 더 많이 나온다. 가시광선 다음으로 에너지가 높은 복사는 적외선처럼 역시 눈에 보이지 않는데invisible 이를 자외선ultraviolet이라고 부른다. 이처럼 온도가 높아지면 온도에 반비례해서 에너지가 가장 많이 나오는 빛의 파장이 짧아지는 것을 빈의 변위 법칙(Wien's displacement law)이라고 한다.

한편 온도가 높아지면 흑체가 내는 빛의 전체 광도, 즉 광자의 수가 절대온도의 4제곱에 따라 증가한다. 이를 슈테판-볼츠만의 법칙(Stefan-Boltzmann's law)이라고 한다. 슈테판(Jožef Stefan)은 유명한 볼츠만(Ludwig Boltzmann)의 지도교수이다. 위의 두 법칙이 합해져서 온도에 따라 특이한 모양의 흑체복사 스펙트럼이 얻어진다. 1900년에 독일의 플랑크(Max Planck)는 에너지의 양자화라는 새로운 개념을 도입해서 이 비대칭적인 특이한 흑체복사 스펙트럼을 설명하는 식을 얻어냈다. 따라서 흑체복사 스펙트럼을 정확히 측정하면 이 식으로부터 그 흑체의 온도를 정확히 계산할 수 있게 된다.

펜지어스와 윌슨이 1965년에 사용한 마이크로파 안테나는 에코라는 최초의 통신위성을 추적하기 위해 설계된 것이었기 때문에 7.4센티미터의 단일 파장에서 작동하도록 되어 있었다. 그러나 얼마 후에 펜지어스와 윌슨은 3밀리미터와 20센티미터 사이의 몇 개의 마이크로파 파장에서 3도의 우주배경복사를 확인하였다. 그런데 매더는 코비 위성을 통해 마이크로파의 전 영역에서 스펙트럼을 정확히 측정하고 플랑크의 식으로부터 자신이 관찰한 스펙트럼이 2.725도에 해당하는 흑체복사 스펙트럼이라는 것을 증명한 것이다. 이때 스펙트럼의 측정이 얼마나 정확하였던지 측정의 오차가 스펙트럼을 그릴 때 선의 굵기보다 작았다고 한다.

Heisenberg became a physicist of world renown.
His principle is about uncertainty.
He said that there is no guarantee
That position and momentum can be known
With equal certainty.
The seed of the universe was sown
For time eternity.

스무트가 발견한 우주배경복사의 비등방성이 나타나는 이유는 독일의 물리학자 하이젠베르크(Werner Heisenberg, 1901~1976)의 불확정성원리로 설명된다. 하이젠베르크는 31세에 노벨 물리학상을 수상해서 세계적으로 명성world renown을 얻었다. 하이젠베르크가 발견한 원리는 불확정성uncertainty에 관한 것이다. 그는 위치와 운동량을 같은 정확도certainty로 알 수 있다는can be known 보장guarantee이 없다고 말하였다. 보다 정확히 이야기하자면 위치와 운동량을 동시에 확실히 알 수 없다는 것은 보장이 된다. 예컨대 전자의 위치를 정확히 알아서 위치의 불확정성이 아주 작아진다면 전자의 운동량의 불확정성이 커져서 전자가 그 자리에 붙어 있지 못한다는 말이다.

불확정성원리는 위치와 운동량 사이에서와 마찬가지로 시간과 에너지 사이에서도 적용된다. 우주의 나이가 10^{-34}초 정도인 아주 작은 초기 우주에서 바로 이웃한 두 부위의 온도, 즉 에너지 밀도가 완전히 같다고 하는 것은 에너지의 불확정성이 0이라는 뜻이다. 그런데 에너지의 불확정성이 0이라면 시간의 불확정성은 무한히 커져야 한다. 그러나 우주의 나이가 10^{-34}초라면 시간의 불확정성이 10^{-34}초보다 클 수는 없다. 결국 초기 우주에는 약간의 에너지 차이가 있게 마련이고 이것이 138억 년 동안 확대되어 현재 우주의 구조를 만든 셈이다. 그러고 보면 영원eternity히 자라갈 우주의 씨앗은 빅뱅 우주에서 심어진sown 것이다.

펜지어스와 윌슨의 우주배경복사 발견으로 이미 확고하게 자리 잡은 빅뱅 우주론은 매더와 스무트의 관찰로 더 이상 의문의 여지가 없는 우주의 기원에 관한 모델이 되었다. 하지만 빅뱅은 인간이 실험실에서 재현하는 식으로 확인할 수 있는 일이 아닌 만큼 모델이라고 부르는 것이 타당할지도 모르겠다. 아무튼 우주배경복사는 우주의 팽창에 이어 두 번째 기둥으로 빅뱅 우주론의 튼튼한 기반을 이루고 있다.

3.
우주의 원소 분포

Lao-tzu said that Tao begat one,

One begat two,

Two begat three,

And Three begat the world.

One has to be energy,

Because it is the only conserved quantity

Throughout the universe's history.

우주의 팽창과 우주배경복사의 발견으로 빅뱅 우주론은 확실히 자리를 잡았다. 그런데 우주의 원소 분포라는 세 번째 증거가 알려지면서 빅뱅 우주론은 세 기둥에 의해 튼튼하게 지지되게 되었다. 우주에는 어떤 원소들이 대략 어떤 비율로 들어 있는가 그리고 그것이 왜 빅뱅을 지지하는가를 살펴보자.

노자는 도(道)가 일을 낳고(道生一), 일이 이를 낳고(一生二), 이가 삼을 낳고(二生三), 삼이 만물을 낳았다(三生萬物)고 하였다. 물론 과학적 관점에서 한 말은 아니다. 그러나 흥미롭게도 이 말은 만물을 만들기 위해 초기 우주에서 어떻게 입자의 진화가 일어났는지를 설명하는 데 멋지게 적용된다. 초기 우주에서 처음 생긴 것은 에너지energy라고 보아야 한다. 왜냐하면 에너지는 우주 역사history에서 유일하게 보존되는 양quantity이기 때문이다.

Matter is energy with mass.

Light is energy without mass.

Thus light and matter are two forms of energy

Which underwent constant interchange

In the early universe.

물질matter이 질량을 가진with mass 에너지라고 한다면, 빛light은 질량이 없는without mass 에너지이다. 암흑 에너지도 질량이 없는 에너지이지만, 여기에서는 암흑 에너지는 다루지 않기로 한다. 그렇다면 빛과 물질은 에너지energy의 두 가지 다른 형태이고, 일생이(一生二)의 이라고 볼 수 있다. 그런데 온도가 아주 높은 초기 우주에서는 빛이 물질로, 물질이 빛으로 바뀌는 상호 변환interchange이 계속해서 일어났다. 우주universe의 나이가 1초 정도 되어서 우주가 100억 도 정도로 식었을 때 물질은 안정화되고, 양성자, 중성자, 그리고 전자가 우주의 주요 구성 입자로 자리 잡는다. 그리고 138억 년 후에 드디어 인간이 이들 입자를 파악하게 된다.

Electron is an example of matter.

Positron is an example of antimatter.

In 1897 Thomson discovered electron.

In 1919 Rutherford discovered proton.

And in 1932 Chadwick discovered neutron.

Guess who discovered positron?

전자는 물질matter의 예이다. 그리고 반전자는 반물질antimatter의 예이다. 반전자는 전자와 질량, 스핀 등의 성질이 같고 전하만 반대이다. 1897년에 톰슨(J. J. Thomson)이 전자electron를 발견하였고, 1919년에는 톰슨의 제자였던 러더포드(Ernest Rutherford)가 양성자proton를 발견하였다. 그리고 1932년에는 러더포드의 제자였던 채드윅(James Chadwick)이 중성자neutron를 발견하였다. 전자의 반물질인 양전자positron는 언제 누가 발견하였을까? 중성자가 발견된 1932년에 앤더슨(Carl D. Anderson)은 우주에서 날아들어오는 입자들 중에서 양전자를 발견하였다.

앞에서 우주배경복사와 관련하여 알아보았듯이 우주의 나이가 38만 년이 되기 전에는 중성 원자가 없었다. 양성자와 중성자가 모여 헬륨 원자핵이 만들어지고 나서도 훨씬 후에야 양성자가, 또 헬륨 원자핵이 전자와 결합해서 원자를 만든 것이다. 그런 의미에서 우주의 역사에서는 원자핵이 원자보다 먼저 만들어졌다. 인간은 밖에서 안쪽으로 들어가면서 물질을 연구하다 보니 원자를 먼저 파악하고 나중에 원자핵을 파악하였다. 19세기 초에 영국의 돌턴이 원자론을 내었다면, 20세기 초에 러더포드는 원자핵을 발견한 것이다.

Rutherford came from New Zealand

To work at Cavendish in England.

Alpha particle was his protege.

Discovery of the nucleus brought in a new age.

Yet atomic transformation brought him the highest prestige.

러더포드는 뉴질랜드New Zealand 출신으로 영국England에 유학해서 케임브리지대학교 캐번디시 연구소의 톰슨의 제자가 되었다. 러더포드의 부모는 영국에서 뉴질랜드로 이민을 갔었다. 러더포드는 부모의 농사일을 도와가면서 고등학교에서 우수한 성적을 거두었는데, 그때 마침 케임브리지대학교에서 외국인 중에서 장학생을 한 명 선발한다고 하여 지원하였다. 그러나 그는 2순위로 선발되어서 유학을 포기하였는데, 어느 날 밭에서 감자를 캐고 있던 중에 1순위로 선발된 학생이 의과대학에 진학하기로 해서 자신에게 차례가 돌아왔다는 편지를 받게 되었다. 러더포드는 "이게 내가 캐는 마지막 감자다."라고 외치면서 감자를 던지고 유학을 떠났다고 한다. 러더포드는 톰슨의 지도로 박사학위 연구를 끝내고 나서 1898년에 캐나다의 맥길대학교 교수가 되었다. 그는 맥길에서 불안정한 원소의 방사능 붕괴 과정을 연구하면서 알파, 베타 붕괴, 반감기 등을 조사하였다. 특히 알파입자가 헬륨인 것을 밝히고 알파입자를 자신의 친자식protege처럼 친근하게 다루면서 원자핵과 양성자를 발견하는 등 많은 중요한 업적을 이룩하였다. 특히 1911년에 이루어진 원자핵의 발견은 원자력 시대라는 새로운 시대new age를 열었다. 그러나 그에게 가장 영광스러운highest prestige 노벨상을 가져다준 업적은 한 원소가 다른 원소로 변환될 수 있다는 사실을 발견한 일이었다. 러더포드는 이 발견으로 1908년에 노벨화학상을 수상하였다. 그러고 보면 그는 노벨상을 수상하고 나서 더 중요한 업적이라고 볼 수 있는 원자핵과 양성자를 발견한 셈이다.

Rutherford had an assistant.

His name was Marsden.

He was quite persistent

Working with foil golden.

It was bombarded by alpha particle

Like shell against a tissue paper.

And it came back like a miracle

As witnessed by Hans Geiger.

러더포드는 1907년에 우리에게는 박지성 선수 덕분에 잘 알려진 영국의 맨체스터로 돌아왔다. 맨체스터대학교에는 학부생들이 졸업 논문을 쓰는 제도가 있었는데, 당시 물리학과 졸업반인 마스덴(Ernest Marsden)Marsden이라는 학생이 졸업 논문 연구를 하겠다고 러더포드를 찾아왔다. 마스덴이 러더포드의 조수assistant가 된 것이다. 그래서 러더포드는 마스덴에게 대학원생이라면 하려고 하지 않았을 법한 지루하고 따분한 일을 맡겼다. 끈질긴persistent 성격의 마스덴에게 잘 맞는 일이었다.

러더포드는 맥길에 있을 때 알파입자alpha particle를 운모라는 아주 얇은 광석에 충돌시키면 상이 좀 번지는 것처럼 보이는 현상을 관찰한 적이 있었는데, 이제 이 현상을 한번 제대로 조사해 보기로 하였다. 그래서 이번에는 운모 대신 아주 얇게 만든 금박지gold foil, foil golden를 사용하고, 검출기로 사용한 형광판으로 금박지 둘레를 둥글게 둘러쌌다. 알파입자가 금박지에 충돌할 때마다 반짝하고 섬광이 나오는데, 에너지가 높고 투과력이 강한 알파입자는 대부분 금박지를 그대로 통과해서 반대쪽에서 섬광을 나타냈다. 그리고 일부가 약간 옆으로 퍼져나가는 듯 보였다. 러더포드는 박사후 연구원이었던 가이거(Hans Geiger)Geiger에게 마스덴을 지켜보라고 맡겼는데, 어느 날 가이거가 러더포드에게 뛰어올라와서 마스덴이 믿을 수 없는 관찰을 하였다고 보고하였다. 약 8,000번에 한 번 정도로 알파입자가 금박지에서 정면으로 튕겨 나와서 180도 방향을 바꾼다는 것이었다. 이것은 마치 대포알을 화장지tissue paper에 대고 쏘았는데 대포알이 튕겨 나온 것처럼 기적miracle 같은 일이었다.

마스덴이 이러한 알파입자의 산란을 관찰한 것은 1909년경이었다. 러더포드는 이 결과를 상세히 분석해서 1911년에 원자의 대부분의 질량은 중심에 몰려 있고 양전하도 마찬가지로 중심에 몰려 있다는 새로운 원자 모형을 발표하였다. 그래서 오늘날에는 1911년에 원자핵이 발견되었다고 말한다. 그리고 당시에 러더포드는 핵(nucleus)이라는 표현을 사용하지는 않았다고 한다. 그리고 보면 알파입자는 빅뱅 우주에서 만들어진 헬륨의 원자핵인데, 헬륨의 원자핵이 금의 원자핵에 충돌해서 핵의 존재를 드러낸 셈이다. 러더포드는 1919년에는 원자핵에 들어 있는 양성자를 발견하였다. 이번에는 질소 기체에 알파입자를 충돌시켰는데 질소보다 훨씬 가벼운 수소가 튀어나온 것이다. 러더포드에게 알파입자는 좋아하는 장난감이었나 보다.

There was a physicist named Murray Gell-Mann.

He was a friend of Richard Feynman.

On the standard model he did embark.

The awkward name of quark

Was derived from James Joyce's Muster Mark.

물질의 입장에서 본다면 일생이의 이는 쿼크(quark)와 렙톤

(lepton)이라고 볼 수 있다. 현재 과학에서 기본입자를 설명하는 기본 틀인 표준모형에는 여섯 종류의 쿼크와 여섯 종류의 렙톤이 있다. 쿼크라는 말을 물리학에 도입한 과학자는 겔만(Murray Gell-Mann)Gell-Mann인데 그는 파인만(Richard Feynman)Feynman과 함께 칼텍(Caltech)의 물리학 교수로 이름을 날렸다. 표준모형이 처음 자리를 잡을 때 겔만이 동승embark해서 크게 기여를 하였다. 지하철 방송에서 내리는 것을 disembark라고 말하는 것을 들을 수 있다. embark는 올라타는 것이다. 그런데 쿼크quark라는 이상한 어휘는 원래 과학적 용어가 아니고, 아일랜드의 소설가 조이스(James Joyce)의 『피네간의 경야(Finnegan's Wake)』라는 소설에 등장하는 말이라고 한다. "마크 대장을 위해 세 번 쿼크라고 외칩시다.Three quarks for Muster Mark"라는 대목이 있는데, 그 대목을 기억한 겔만이 자신이 고안한 기본입자에 쿼크라는 별 의미 없는 이름을 붙인 것이다. 겔만의 익살 덕분에 쿼크는 중고등학생들에게도 친숙한 과학 용어가 되었다.

In the beginning there was a big challenge

How from quarks to proton and neutron to change.

The key was to arrange

Quarks with fractional charge

To nature's advantage

Revealing Creator's infinite knowledge.

여섯 종류의 쿼크와 여섯 종류의 렙톤 중에서 우리 몸에 들어 있는 것은 업쿼크, 다운쿼크, 전자뿐이다. 따라서 다른 것은 몰라도 이들 세 가지 입자에 대해서는 잘 알아두는 것이 좋다. 전자는 자신이 기본입자로서 나중에 양성자와 중성자로 이루어진 원자핵과 결합해서 원자를 만든다. 그와는 달리 업쿼크와 다운쿼크는 양성자와 중성자를 만드는 데 사용된다. 따라서 초기 우주에서 쿼크의 큰 도전challenge은 어떻게 양성자와 중성자로 바뀌는가change였다. 이때 핵심은 부분 전하fractional charge를 가진 쿼크를 적절히 배치해서arrange 자연에 득advantage이 되고 그래서 창조주의 전지infinite knowledge함을 드러내는 데 있었다. 양성자와 중성자가 만들어져야 원자를 만들 수 있고, 원자가 만들어져야 인간을 포함해서 온 세상 만물을 만들 수 있기 때문이다.

There was no way
To be able to say
Or even imagine
How the quarks would combine
To make proton
As well as neutron.

쿼크들이 태어난 것은 우주의 나이가 10^{-34}초 정도일 때였다. 그리고 쿼크들로부터 양성자와 중성자가 만들어진 것은 우주의 나이가 10^{-6}초 정도로 쿼크가 만들어진 10^{-34}초에 비하면 10^{28}

배로 상대적으로 엄청나게 긴 시간이다. 쿼크가 처음 만들어질 때는 쿼크들이 어떻게 결합해서combine 양성자proton를, 그리고 중성자neutron를 만들지 말하거나say 심지어는 상상할imagine 방법way이 없었을 것이다.

Quark's charge is truly innovative.

Up quark is two thirds positive.

Down quark is one third negative.

As the particles evolve

Up and down quarks combined two to one

To make proton.

They combined one to two

To make neutron, too.

Proton is made to carry charge distinctive.

Neutron is made to carry charge suggestive.

쿼크의 전하는 정말 창의적innovative이다. 처음 쿼크가 만들어질 때 업쿼크는 플러스positive 2/3의 전하를, 다운쿼크는 마이너스negative 1/3의 전하를 가지고 태어났다. 그런데 왜 자연은 애초에 양성자와 중성자를 직접 만들지 않고 이렇게 이상한 전하를 가진 업쿼크와 다운쿼크를 먼저 만들었을까? 그 이유는 우주의 나이가 10^{-6}초 정도 되었을 때, 이 빅뱅 우주에서 입자들이 진화evolve하면서 업쿼크 두 개와 다운쿼크 한 개가 조합을 이루어 양성자를 만들고, 업쿼크 한 개와 다운쿼크 두 개가 조합을 이루어 중성자를 만들면서 드러난다.

양성자는 +1이라는 뚜렷한distinctive 전하를 가지게 되었는데 1은 1, 2, 3……으로 이어지는 자연수의 첫 번째 수라는 점에서 나머지 자연수로부터 뚜렷하게 구분된다. 특히 수소, 탄소, 산소, 철 등 원소들을 구분할 때 1은 중요한 의미를 지닌다. 원자번호는 수소 1, 탄소 6, 산소 8, 철 26 식으로 모두 자연수로 1의 정수 배인 것이다.

1869년에 멘델레예프(Dmitri Mendeleev)가 주기율표를 만들었을 때는 당시 알려진 원소들을 원자량에 따라 늘어놓았다. 학교에는 학생들의 학번이 있고, 군대에는 군번이 있듯이 원소의 세계에서는 원자번호가 있다고 생각할 수 있다. 그런데 원자 내부의 핵이 알려지고, 또 핵을 구성하는 양성자가 알려지고 보니 원자번호는 다름이 아니고 핵에 들어 있는 양성자의 수였다. 그러니까 수소의 핵에는 양성자가 1개, 탄소에는 6개, 산소에는 8개, 철에는 26개가 들어 있는 것이다. 그런데 양성자의 전하가 +1이라면 수소는 +1, 탄소는 +6, 산소는 +8, 철은 +26과 같은 식으로 모든 원자핵의 전하는 +1의 정수 배인 양전하가 된다. 그러고 보면 쿼크의 전하의 조합으로 얻어진 양성자의 전하는 다른 모든 원소의 전하와 구분되는 특별한 값이다.

이처럼 쿼크의 부분 전하에 대한 궁금증은 +1이라는 양성자의 전하가 드러나면서 상당히 해소되었다. 양성자는 나중에 −1의 전하를 가진 전자와 만나 중성원자를 만들고, 중성원자들이 모여 생명체를 포함하여 만물을 만들 원대한 계획이 엿보이기 때문이다.

한편 중성자의 전하는 0으로 무언가를 암시하는suggestive 듯하다. 0은 아무리 곱해도 0이기 때문에 중성자의 역할은 양성자의 역할과는 다를 것이다. 양전하를 가진 양성자들 사이에는 전기적 반발이 작용하는데, 전자가 0인 중성자는 전기적 힘을 느끼지 않을 테고 그래서 무언가 특별한 역할이 주어진 듯하다. 그러나 중성자의 존재 이유를 제대로 파악하려면 좀 더 기다려 보아야 한다. 그리고 쿼크의 크기와 쿼크들 사이에 작용하는 힘의 특징을 알아야 한다.

The point-like nature is quark's property.
A proton or a neutron is almost empty.
The space between the quarks is plenty.
Unfathomable is nature's subtlety.

쿼크의 크기를 생각하기에 앞서 일단 알려진 입자들의 크기를 살펴보자. 우리 몸은 대충 1m 크기이다. 10^{-5}m는 세포의 크기이고, 10^{-10}m는 원자의 크기, 그리고 10^{-15}m는 원자핵에 들어 있는 양성자와 중성자의 크기이다. 10^{-15}m를 유명한 핵물리학자 엔리코 페르미(Enrico Fermi)의 이름을 따서 1페르미라고 한다. 양성자와 중성자의 크기가 10^{-15}m 정도라면 혹시 쿼크의 크기는 10^{-20}m 정도가 아닐까 생각하기 쉽다. 그런데 우주 전체의 별의 수와 대표적인 별의 무게로부터 우주 전체의 쿼크 수를 계산하면 대략 10^{80}으로 얻어진다. 쿼크의 크기를 10^{-20}m 정도라고 가정하고 우주 전체의 쿼크 수를 곱하면 쿼크가 차지하는 부피가 나오는데, 문제는 이 부피가 쿼크가 만들어진 당시 우주의 크기보다 더 크다는 모순이 생긴다. 그래서 쿼크는 크기가 없는 점 입자라고 한다. 점 입자라는 것이 쿼크의 중요한 성질property 중 하나인 것이다.

양성자와 중성자의 크기가 10^{-15}m 정도이고 쿼크는 점 입자라면 양성자와 중성자는 거의 텅 비어 있고empty, 쿼크 사이에는 많은plenty 공간이 있는 셈이다. 그리고 보면 원자 내부에도 러더포드가 발견한 원자핵과 톰슨이 발견한 전자 사이에 엄청난 공간이 있다. 하기는 팽팽하게 불어놓은 풍선의 내부도 대부분은 빈 공간이다. 그래도 풍선을 찔러보면 어디에나 공기 분자들이 있는 것처럼 느껴지고, 원자도 원자핵도 속이 꽉 차서 딱딱한 것처럼 행동한다. 색즉시공이라는 말이 있듯이 텅 비었으나 꽉 찬 것처럼 보이는 입자들로 이루어진 자연의 미묘함subtlety은 깊이를 가늠할 수 없다.

Strange is the strong nuclear force.

It operates only at one Fermi distance.

The quarks are free

When their separation is

Less than one Fermi.

쿼크에 관해 또 하나 놀라운 것은 쿼크들 사이에 작용하는 힘의 신비함이다. 양성자와 중성자 내부에서 쿼크들 사이에 작용하는 힘은 자연의 네 가지 힘 중에서 가장 강력한 힘인 강한 핵력strong nuclear force이다. 우리에게 익숙한 만유인력이나 전자기력은 거리가 가까워질수록 강해지고 멀어질수록 약해진다. 그리고 아무리 멀어져도 힘이 0이 되지는 않는다. 그런데 강한 핵력은 1페르미 이상이거나 이하의 거리에서는 힘이 사라지고 1페르미 거리distance에서만 작용하는 특이한 힘이다. 게다가 1페르미 거리에서는 그 힘의 크기가 전기적 힘보다 137배나 강하다. 그래서 쿼크 사이의 거리가 1페르미Fermi 이하이면is 쿼크들은 자유롭게free 돌아다니고, 우리에게 양성자와 중성자는 속이 꽉 찬 단단한 입자처럼 보이는 것이다. 세 개의 점이 모여 강한 핵력을 통해 유한한 크기의 양성자와 중성자를 만든 것은 놀라운 입자의 진화이다. 이런 강한 핵력의 특성이 우주의 역사에서 얼마나 중요한지는 입자 진화의 다음 단계에서 중성자의 역할을 보면 잘 알 수 있다.

Nothing was accomplished by proton-proton collision
Because there was an enormous repulsion.
As proton and neutron approached within 1 Fermi distance
The strong nuclear force
Operated between quarks
And proton-neutron produced deuterium,

Which with another neutron made tritium.

After three minutes' duration

Finally was made helium

Thus finishing the big bang nucleosynthesis.

양성자가 만들어졌을 때 원소의 입장에서는 수소가 만들어졌다고 말할 수 있다. 수소 이온이라고 불러도 좋을 것이다. 그런데 수소보다 무거운 원소들이 만들어지려면 양성자가 두 개이상 뭉쳐야 한다. 그러나 양성자와 양성자 사이의 충돌collision로는 아무 일도 일어나지 않는다. 양전하 사이의 쿨롱 반발력repulsion은 거리가 가까워지면 거리의 제곱에 반비례해서 급증하기 때문이다. 그런데 양성자가 중성자와 충돌할 때는 전기적 반발력이 없기 때문에 사정이 다르다. 양성자와 중성자가 1페르미 거리distance에 들어오면 강한 핵력strong nuclear force이 양성자에 들어 있는 쿼크와 중성자에 들어 있는 쿼크quarks 사이에 작용하게 되고, 결과적으로 양성자와 중성자가 붙잡혀서 중수소deuterium가 만들어진다. 그리고 중수소에 중성자가 하나 더 충돌하면 삼중수소tritium가 만들어진다. 보통 수소와 중수소, 삼중수소처럼 양성자 수는 같고 중성자 수가 다른 경우 이들을 동위원소라고 부른다. 원소에서 양성자 수와 중성자 수의 합은 질량수라고 부른다. 보통 수소와 중수소, 삼중수소의 원자번호는 모두 1이고 질량수는 각각 1, 2, 3이다.

삼중수소에 양성자가 하나 더 합쳐지면 드디어 원자번호

가 2이고 질량수가 4인 안정한 헬륨helium,He-4이 된다. 이 헬륨은 138억 년 후에 러더포드가 알파입자라고 부르게 되는 헬륨의 원자핵이다. 물론 중수소에 양성자가 충돌하고 중수소에 들어 있던 중성자가 두 개의 반발하는 양성자를 붙잡아 주는 역할을 하면 헬륨의 동위원소인 He-3이 만들어지고, 여기에 중성자가 하나 더 합쳐지면 He-4가 된다. 이런 과정을 걸쳐서 3분 정도의 시간이 경과duration하면 빅뱅 우주에서의 핵합성nucleosynthesis이 끝난다. 우주가 팽창하면서 온도와 밀도가 떨어져서 더 이상 핵반응이 일어나지 못하기 때문이다. 이때 결정된 수소와 헬륨의 질량 비율은 약 3:1이었다. 이 비율은 현재 우주에도 거의 그대로 적용되고, 우주의 모든 별과 은하에서 관찰된다. 나중에 별에서 만들어진 무거운 원소들은 수소와 헬륨에 비해 그리 많지 않기 때문이다.

Proton was to be primary.

Neutron was to be secondary.

One had to wait

For neutron to demonstrate

How to make deuterium

Leading to helium

And eventually to all heavy elements.

These are nuclear events

Prerequisite to the birth

Of life on earth.

지금까지 살펴본 내용을 정리해 보자. 양성자 수를 원자번호라고 부르는 것을 보아 알 수 있듯이 아무래도 만물을 만드는데 있어서 양성자의 역할이 1차적primary이다. 반발하는 양성자들을 붙잡아 주어서 무거운 원소를 가능하게 하는 중성자의 역할은 2차적secondary이라고 볼 수 있다. 중성자의 역할을 파악하기 위해서는 중수소deuterium를 디딤돌 삼아 헬륨helium을 만들고, 나아가서 모든 무거운 원소들heavy elements을 만드는 과정을 중성자가 보여 주기를demonstrate 기다려야wait 하였다. 이런 과정들은 지구earth 상에서 생명이 태어나기birth 위해 선행되어야 하였던 핵에서 일어나는 사건들nuclear events이다.

The fractional charge is creative

And definitely perspective,

For nucleosynthesis is progressive

And to the repulsive force sensitive.

Making everything using quarks is impressive.

빅뱅 우주에서 헬륨을 만드는 과정에서 중성자가 보여 준 원리는 나중에 별에서 생명에 필수적인 탄소, 산소, 질소, 인 등이 만들어지는 데도 그대로 적용된다. 이런 핵 합성은 가벼운 원소에서 무거운 원소로 점진적progressive으로 일어난다. 그런데 원소가 무거워질수록, 즉 핵의 양성자 수가 증가할수록 반발력이 증가하는데, 양성자들을 붙잡아 주는 중성자의 역할은 반발력에 대해 민감하다sensitive. 다시 말해서 원자번호가 증가할수록 양성자에 비해 더 많은 수의 중성자가 필요해진다. 그리고 이때 중성자의 전하가 0이라는 사실이 새삼스럽게 중요하게 다가온다. 그래서 업쿼크와 다운쿼크의 부분 전하는 만물을 창조한다는 의미에서 실로 창조적creative이고, 수억 년 후에 별에서 무거운 원소들을 만드는 데 사용될 것이라는 의미에서 확실히 미래지향적perspective이다. 지금 와서 생각하면 쿼크들로부터 만물이 만들어졌다는 것은 대단히 인상적impressive인 일이다.

In the beginning
There was an element light.
And to God's delight
Hydrogen begat everything
Following a scheme so bright
Though chances seemed so slight.

태초beginning에 가벼운light 원소가 있었다. 그리고 이 가벼운 원소인 수소가 모든 것everything을 낳았다. 그런데 수소, 즉 양성자가 뭉쳐서 무거운 원소들을 만들고 이때 중성자가 양성자들을 붙잡아 주도록 하는 것은 아주 탁월한bright 기획이었다. 한데 이러한 구도에 따라 실제로 현재의 우주가 만들어질 수 있는 확률은 매우 낮았다^{slight}. 빅뱅 우주에서 팽창 속도가 약간만 빨랐다고 해도 헬륨이 만들어지지 못하였을 것이고, 중력상수가 약간만 작았다고 해도 별이 태어나지 못하였을 것이다. 물론 별이 태어나지 못하였다면 우주는 수소와 헬륨만의, 무미건조한 우주가 되었을 것이다.

There was a student at Harvard named Payne.

She was not only diligent

But also quite intelligent.

Sitting at a desk previously occupied by Leavitt

She studied lines that stellar spectra contain

In the visible domain.

She proved that in stars hydrogen is the most abundant.

1960년대에 쿼크가 제안되고 표준모형이 자리를 잡으면서 빅뱅 우주에서 처음 몇 분 사이에 중수소와 헬륨이 만들어지는 과정을 상세히 이해하게 되었다. 그리고 앞에서 살펴본 대로 원소 면에서 우주는 대부분 3:1 비율로 존재하는 수소와 헬륨으로 이루어진 것이 이론적으로 설명되었다. 그에 앞서서 1920년대에 별의 주성분은 수소라는 중요한 관찰이 이루어졌고, 이 관찰이 우주 전체에 확장되면서 우주의 원소 분포는 빅뱅 우주론의 세 번째 기둥으로 자리 잡는다. 이제부터 우주의 원소 분포를 관찰한 이야기를 해 보자.

1920년대 초에 영국 케임브리지대학교의 물리학과 학부생 중에 페인(Cecilia Payne, 1900~1979)^{Payne}이라는 우수한 여학생이 있었다. 페인은 별빛이 태양 주위에서 휘는 것을 관찰해서 아인슈타인의 일반상대성 이론을 증명한 에딩턴의 강의를 듣고 천문학에 매료되었다. 당시 케임브리지에는 여학생을 위한 박사학위 과정이 없었다. 그런데 섀플리가 하버드천문대 소장으로 가면서 하버드에 여학생을 위한 박사학위 과정을 신설하였고, 페인은 1923년에 하버드로 유학하게 되었다. 페인은 부지런할 ^{diligent} 뿐 아니라 지적^{intelligent}인 학생이었는데, 하버드천문대에서 섀플리가 페인에게 쓰라고 한 책상이 알고 보니 리비트^{Leavitt}가 평생 앉아서 연구하던 책상이었다. 거기서 페인은 가시광선 영역^{domain}에서 별빛의 스펙트럼에 들어 있는^{contain} 선들을 조사하였다. 그리고 별에는 수소가 가장 풍부하다^{abundant}는 것을 증명하여 1925년에 하버드의 첫 번째 천문학 박사가 되었다. 당시 하버드는 여학생을 받아들이지 않았고, 그래서 페인은 나중에 하버드와 합쳐진 래드클리프에서 박사학위를 받았다. 아무튼 페인의 학위는 남녀를 통틀어 하버드천문대에서 수여한 첫 번째 천문학 박사학위였다.

그런데 당시 가장 권위 있는 천문학자들은 별의 주성분은 철일 것이라고 생각하였기 때문에 수소가 풍부하다는 페인의 주장은 상당히 파격적인 것이었다. 그래서 페인은 자신의 결론을 상당히 희석하고서야 겨우 논문 심사를 통과할 수 있었다. 그러나 나중에 페인의 결론이 맞을 뿐 아니라 빅뱅 우주론과도 잘 맞는 것으로 밝혀지면서 페인의 논문은 20세기 최고의 천문학 논문으로 인정받게 되었다고 한다.

> To see the macro-universe
> You need a telescope.
> To see the micro-universe
> You need a microscope.
> To see the spectral lines
> You need a spectroscope.
> Thus, invention of tools
> Enhanced our scope.

그런데 페인은 어떻게 별에 수소가 풍부하다는 것을 알 수 있었을까? 거시세계macro-universe를 보려면 망원경telescope이 필요하다. 망원경을 사용해서 17세기 초에 갈릴레이(Galileo Galilei)는 목성의 위성을 발견하였고, 1923년에 허블은 안드로메다 성운에서 세페이드 변광성을 발견하였다. 한편 세포와 같은 미시세계micro-universe를 보려면 현미경microscope이 필요하다. 그런데 스펙트럼의 선들spectral lines을 보아서 원소 성분을 조사하려면 분광기spectroscope가 필요하다. 이처럼 도구tools의 발명은 우리의 시야scope를 확장시켜 주었다. 섀플리는 페인이 리비트의 연구를 계속해 주기를 바랐지만, 페인의 관심사는 별들이 어떤 원소로 이루어졌는지를 밝히는 것이었다. 그래서 페인은 분광기가 부착된 망원경을 사용해서 별의 화학적 조성을 연구하였다.

Fraunhofer lines from the sun were seen
In the year 1814.
The lines in the solar spectrum
Come from sodium, magnesium and calcium
As well as from neon
And iron
Not to mention hydrogen
And oxygen.
Hydrogen to helium ratio is
Three to one in mass.
Heavy elements are much lower in abundance.
The big problem is that the hydrogen lines
Are not much stronger than other ones,
Which are expected to be less intense,
If hydrogen is the first in abundance
In the entire universe.

그런데 만일 수소가 태양과 같은 별에 압도적으로 많다면 수
소의 흡수선이 다른 원소의 흡수선에 비해 훨씬 강할 것이고,
그렇다면 누가 보아도 수소가 풍부하다는 결론을 내렸을 듯하
다. 그렇지 않았다면 스펙트럼을 분석하는 데 어려움이 있었으

리라 짐작된다. 프라운호퍼(Joseph Fraunhofer)가 태양의 흡수선인 프라운호퍼선들을 처음 본seen 것은 1814eighteen fourteen년이었다. 태양 스펙트럼solar spectrum의 선들은 소듐, 마그네슘, 칼슘calcium에서, 또 네온neon과 철iron에서 온다. 수소hydrogen와 산소oxygen는 말할 것도 없다. 그런데 수소와 헬륨의 질량mass 비율은 3:1이다is. 수소와 헬륨에 비해 무거운 원소는 분포abundance가 낮다. 그렇다면 왜 수소가 우주universe 전체에서 가장 풍부first in abundance함에도 불구하고, 태양을 비롯해서 많은 별에서 수소의 선들hydrogen lines이 훨씬 강하지 않은 것일까? 양이 적은 다른 원소의 선들other ones은 수소에 비해 덜 강하리라less intense 예상되는 데 말이다.

Energy of electrons in atoms is quantized.

For hydrogen to be observed

In the visible

First it has to be excited

To the n=2 state.

Than the visible it needs UV more

According to Bohr.

In stars with a lower surface temperature

The UV intensity is lower.

However,

In stars with a high temperature

The UV is strong enough to populate

The n=2 state

And the hydrogen lines predominate.

이 문제의 중심에는 양자론이 자리 잡고 있다. 원자 내의 모든 전자의 에너지는 불연속이다. 이를 에너지가 양자화quantized 되었다고 한다. 1913년에 보어(Niels Bohr)Bohr가 발표한 보어 모델에 따르면 전자의 에너지 준위는 n =1, 2, 3 등 정수 값을 가지는 양자수에 의해 정해진다. n =1은 가장 에너지가 낮은 상태이고 n =2, 3 식으로 올라가면서 에너지가 높은 상태가 된다. 그런데 n =1 상태와 n =2 상태는 에너지 차이가 커서 자외선의 에너지에 해당하고, n =2 상태와 n =3 상태의 에너지 차이는 가시광선에 해당한다.

20세기 초반에 천문학자들이 별빛의 스펙트럼을 조사할 때는 일단 가시광선 영역에서 스펙트럼을 조사하였을 것이다. 수소 원자는 전자가 하나밖에 없기 때문에 이 전자는 외부에서 에너지를 받기 전에는 n =1인 바닥상태에 있게 된다. 따라서 가시광선visible 영역에서 수소의 스펙트럼이 관찰되려면observed 일단 수소의 전자는 n =2 상태state로 올라가야excited 한다. 그러기 위해서는 가시광선보다 자외선 에너지가 더more 필요하다. 표면 온도temperature가 낮은 별에서는 자외선의 강도가 낮고lower 따라서 전자는 n =2 상태로 올라가기 어렵다. 그래서 n =2 상태에 있는 전자가 별로 없다면 n =3 상태로 올라가는 흡수도 일어나기 어려울 것이다.

반면에however 온도가 높은 별에서는 자외선이 충분히 강해서 $n=2$ 상태state를 채우고populate 이어서 $n=2$ 상태에서 $n=3$ 상태로 올라가는 가시광선의 흡수가 쉽게 일어나기 때문에 수소의 흡수선이 다른 원소들의 선을 압도predominate하게 된다. 실제로 표면 온도가 10,000도 정도로 높은 별에서는 수소의 선들만 강하게 나타나고 소듐 같은 다른 원소의 선들은 상대적으로 매우 약하다. 주기율표에서 3주기에 해당하는 소듐의 경우에는 바닥상태의 전자가 이미 $n=3$ 상태에 있기 때문에 낮은 온도의 별에서도 가시광선의 흡수가 잘 일어난다. 그리고 수소에서와는 달리 자외선의 흡수가 필요 없기 때문에 높은 온도의 별에서도 스펙트럼이 더 강해지지 않는다.

아무도 전자의 에너지 준위, 온도에 따른 흡수선의 강도 차이 등을 제대로 이해하지 못할 때 대학원생이었던 페인이 이 문제를 해결해서 수소가 우주 전체에서 가장 풍부한 원소라는 사실을 증명함으로써 빅뱅의 세 번째 기둥을 세우는 데 기초를 마련하였다. 슬라이퍼, 허블, 휴메이슨이 망원경과 분광기의 조합을 사용해서 별빛의 스펙트럼의 편이를 관찰하고 그로부터 빅뱅의 첫 번째 기둥인 우주의 팽창을 발견하였다면, 페인은 같은 장치를 사용해서 빅뱅의 세 번째 기둥인 우주의 원소 분포를 발견하였으니 망원경과 분광기 둘 다 우리가 우주를 이해하는 데 결정적으로 기여한 셈이다.

4.
맺음말

지난 100년 동안 이루어진 천문학과 천체물리학의 발전을 통해 우주는 빅뱅이라고 불리는 대폭발로 시작되었다는 빅뱅 우주론이 자리 잡게 되었다. 우리는 이 책을 통해 빅뱅 우주론의 세 가지 근거를 살펴보았는데, 그 세 가지 근거는 다음과 같이 요약할 수 있다.

The big bang cosmology,

If we use the tripod analogy,

Stands on three pillars.

The first is the expanding universe.

The second is the cosmic microwave background radiation.

Together they form a strong foundation.
Then there is the cosmic elemental abundance
Giving the big bang cosmology a firm stance.

빅뱅 우주론big bang cosmology은 삼발이 비유analogy를 사용한다
면 세 개의 기둥pillars에 의해 지지된다. 첫 번째 기둥은 팽창하
는 우주expanding universe이고, 두 번째는 우주 마이크로파 배경복
사background radiation이다. 이 둘이 합해져서 빅뱅 우주론의 튼튼
한 기초foundation를 이룬다. 그리고 추가적으로 우주의 원소 분
포elemental abundance가 있어서 확실한 자리를 잡게firm stance 한다.

그런데 빅뱅을 이야기할 때는 필연적으로 빅뱅은 누가 일으
켰나, 빅뱅 이전에는 시간이 없었나 식의 철학적 내지 종교적
질문이 따르게 된다.

Shapley said, "If God made the world
With a word,
The word would have been hydrogen."
In fact, the world was made
From quarks and electrons
Through causally connected
Sequence of events.
The causality is based on laws natural.
Were natural laws given by supernatural?

빅뱅의 세 기둥 이야기에는 허블, 펜지어스와 윌슨, 페인이 주역으로 등장한다. 그리고 리비트, 슬라이퍼, 휴메이슨, 아인슈타인, 매더, 스무트 등이 조역으로 등장한다. 또 한 사람의 중요한 조역에는 우리 은하의 크기를 측정한 섀플리가 있다. 하버드천문대 소장이 된 섀플리는 페인의 지도교수로 페인이 우주의 주성분은 수소라는 발견을 하는 데에도 간접적으로 기여하였다. 그는 후일 "신이 세상world을 말씀word으로 창조하였다면 그 말씀은 수소일 것이다."라고 말하였다.

그런데 알고 보니 수소 원자는 양성자와 전자로 만들어졌고, 양성자는 또 쿼크들로 만들어졌다. 그리고 수소보다 무거운 나머지 원소들은 양성자와 중성자와 전자로 만들어졌다. 그리고 보면 세상은 인과관계에 의해 연결된connected 사건들events의 고리를 통해 쿼크들과 전자들electrons로 만들어진made 셈이다. 그리고 이러한 인과관계는 자연의natural 법칙을 따른다. 그렇다면 "If God made the world with a word, the word would have been natural laws."라고 말해도 좋을 듯하다.

이러한 자연의 법칙은 빅뱅 이후에만 적용된다. 즉 138억 년이라는 물리적 시간은 자연 법칙이 적용되는 시간인 것이다. 그런데 이런 자연 법칙은 어디에서 왔을까? 만일 자연 법칙을 제공한 초자연적supernatural인 존재가 있다면 이 초자연적 신과 자연 법칙 사이에는 인과관계가 성립할 것이고, 빅뱅 이전의 시간은 초자연적 인과관계가 적용되는 시간이라고 말해도 좋을 듯하다. 빅뱅을 일으킨 초자연적 존재가 있다면 말이다.

빅뱅 우주론의 세 기둥

1판 1쇄 펴냄 | 2014년 10월 10일
1판 2쇄 펴냄 | 2025년 3월 14일

지은이 | 김희준
발행인 | 김병준
발행처 | 생각의힘

등록 | 2011. 10. 27. 제406-2011-000127호
주소 | 서울시 마포구 독막로6길 11, 2, 3층
전화 | 02-6925-4183
팩스 | 02-6925-4182
전자우편 | tpbook1@tpbook.co.kr
홈페이지 | www.tpbook.co.kr

ⓒ 김희준, 2014. Printed in Seoul, Korea.

ISBN 979-11-85585-08-6 04400

your knowledge companion
생각의힘 문고